U0002753

Idea man

Idea man

Idea man

Ideaman

自分らしさを言葉にのせる
売れ続ける
ネット文章講座

文案
寫出差異化，
讓商品被看見

只要是你賣的他都想買！
網路暢銷文案全攻略

日本暢銷文案專家·
「集客文案學院」負責人
椹寬子 ＿＿ 著　李貞慧 ＿＿＿＿＿＿ 譯

推薦

經營自己的人設，與目標受眾產生更強大的連結

「Vista寫作陪伴計畫」主理人 鄭緯筌

回顧過往的職場生涯，從科技業、網路產業，到媒體、電商領域，我常有機會撰寫各種專欄、報導，以及類型迥異的文章。而近年來因緣際會轉換跑道，我開始以講師、顧問等身分縱橫江湖，也就有更多機會可以深入各大企業、公部門以及大學院校，為大家講授文案寫作的相關課程。

說到文案寫作這件事，我不但有點經驗可以分享，老實說也有些感觸。雖然從小就喜歡寫作，但我也知悉有些朋友很排斥寫作，甚至一聽到寫作就覺得頭皮發麻！但有趣的是，我發現近年來寫作的熱度提升了，需求也增加了。

寫作，如今似乎變成一門顯學。老實說，看到這樣的現象，我並沒有感到很開心。因為之所以會產生這個現象，倒不見得是喜歡寫作的國人變多了，而是因為工作、生活等關係使然，導致「寫好文章」以及「希望自己寫的文章被看見」這兩件

事情的需求大幅提升了！

話說回來，也因為以往在兩岸三地的學校、企業與機構教文案寫作的緣故，讓我得以理解社會大眾所遇到的寫作瓶頸與困擾，以及對於「學好寫作」的具體需求。儘管坊間有關寫作的書籍已經可說是汗牛充棟，而這些作者也都各擅勝場，但我卻發現也許是現代社會講求速成與功利的緣故，所以導致很多熱銷的寫作書籍殊途同歸，偏好介紹各種招式與套路。彷彿讀者們只要按照特定的模板或公式來撰寫文案，就可以順利打動人心；而各種難纏的寫作問題，也都能夠迎刃而解。

乍看之下，重視寫作技巧的做法，似乎可以解決大家的困擾，但如果長遠來看，其實這種「只談招式，不重視心法」的做法，反而不利於奠定寫作基礎與打造個人品牌。

特別是因為受到社會變遷與潮流更迭的影響，現在要寫出擲地有聲的好文章，甚至要能夠打動人心，或者想要順利銷售商品的話，重點已經不僅僅在於文筆好壞或者採用哪些套路了！

讀者的眼睛都是雪亮的，所以更重要的事是回歸初心，甚至是要回過頭去經營作者自己的人設！

這幾年我除了在各地授課，也在網路上推出了「Vista寫作陪伴計畫」（https://www.vista.tw/writing-companion），以手把手的方式為學員提供寫作診療的服務。

我時常跟學員們提到，讀者的偏好與需求一日數變，所以與其忙著去臆測大眾的善變想法，不如先回歸本質：在開始撰寫文案之前，最好能夠先行盤點資源與個人特質、強項，然後再針對目標受眾的需求來研擬內容策略，進而寫出一篇感人肺腑的好文案。

對廣大的讀者來說，每個人都不想被推銷，而是想知道「對自己有價值的內容」是什麼？所以，光想著「投其所好」還不夠，作者本身更要設法與目標受眾產生強大的連結。

舉例來說，我有一位學員是身心靈領域的老師，在兩岸三地擁有許多的客戶。她平時不但在個人網站上分享各種專業知識，也透過文字的力量傳達暖心的關懷。也因為這個緣故，讓她幾乎不曾受到疫情景氣的影響，持續獲得很多客戶的青睞。

而這樣的做法，恰好也呼應了椹寬子這位日本作家在《文案寫出差異化，讓商品被看見》這本書裡所談到的重點，也就是靠人的價值觀，而非東西價值銷售的時代來臨了！

畢業於日本關西大學社會學院的樋寬子，大學畢業之後就開始在大型廣告代理公司擔任廣告文案撰寫人，經手各行業的廣告製作。她不但熟悉各種商品文案的製作流程，對人性的洞悉也有自己的一套。

之前，她曾以《好文案決定你的商品賣不賣》這本書，跟臺灣本地的讀者朋友見面，分享集客、漲粉、商品大賣的文案技巧，教大家如何運用一行字抓住客戶的心。這回，她帶來最新力作《文案寫出差異化，讓商品被看見》，讓我讀了更有感，覺得很適合推薦給有心想要學好文案寫作的朋友們。

難能可貴的是，這本書不高談闊論，卻選擇從人性出發。她提醒大家，要在所有商品、服務上頭加上自己或自家公司的人格，這才是和一位顧客長久往來的最佳對策。

我不但認同這樣的看法，也跟我在「Vista寫作陪伴計畫」的教學不謀而合。所以，我很樂意跟大家推薦這本新書，也希望讀者朋友們可以找到寫作的樂趣與成就感！

前言

門市和網路上到處都是低價且優質的商品，任何人都可以在社群網路上發布訊息。現在已經不是強調「東西有多好」，就可以暢銷的時代了。

進入所謂的個人時代已經有很長一段時間，創業、搞副業的人也越來越多。**在社群網路上「想賣東西的人」已經多於「想買東西的人」，競爭十分激烈。**

雖然絞盡腦汁想方設法地傳達商品／服務的好，卻總被認為「不過是廣告說詞吧？」而因此被視而不見。

銷售類似商品／服務而創業的人，因為無法做出「差異化」而陷入苦戰。

在這種大環境中，不是推銷「東西有多好」，而是讓人有「只要是這個人賣的東西我都想買」，與「我選的是人」想法的個人與企業，才是最強的個人與企業。

比起賣「東西」，靠「人」銷售才是最強的行銷。

個人和企業獲得同等的訊息傳達力，不用像大企業一樣撒大錢，小公司和個人也可以建立自己的品牌。

企業和個人的界線消失，顧客不再是「銷售商品的對象」，而是自己品牌的「粉絲」，是培育品牌的「夥伴」。

購買商品／服務後，也變身為不緊密但仍相連的「社群成員」。

相較於五年前，不論是買方還是賣方，都有了截然不同的面貌。

然而文章和標語卻仍充斥著「賣就是了」、「這樣寫就會大賣」之類的司馬昭之心。

雖然也有人提倡「靠自己的人格銷售」、「不要只賣東西，要賣的是品牌」，但卻沒有人教大家具體的做法。

就算有人說「有好的故事就能暢銷」，也沒有人會對別人的「自吹自擂」感興趣。

再怎麼熱情地訴說自己的生平，除非你是天生的文豪或名人，否則根本沒人會想看。

那到底要對誰、寫什麼、如何寫呢？

大家好，我是文案作家椹寬子。

我為自營業者、創業家、經營副業的人，以及接下來想開始做些什麼的人，提供「將自己的價值化為文字，建立自己獨家事業」的講座。

同時也為企業公關負責人、業務、企劃人員，提供「化價值為文字」的研習課程。

大家都說現在是個體時代、副業時代，已經不能靠公司過一輩子。

上班族也不再自稱「我是某某公司的某某某」，而是以「自己的姓名為招牌」

工作，越來越多人跳脫公司的框架，以接專案的方式工作。

想活用自己到目前為止的經驗，想提升集客力增加營收，本業之外也希望有其他收入，這些人第一個想到的應該就是「資訊傳達」吧！

「推銷自己增加影響力」，社群網路上許多人都有這種想法。經營者和企業公關負責人也致力於「操作社群網路以提升認知度」、「總之，先用社群網路再說」。

但大多數人僅僅把它當成工具，談的都是「用什麼、怎麼用」。

是不是要開設YouTube頻道比較好？Instagram呢？LINE和電子報，哪種比較好？

只要有新工具問世，大家就被耍得團團轉。而且因為只注意到「擄獲一萬粉絲的方法」或「成為部落格精選文章的寫作方法」，總是得不到好結果。

越來越多人模仿「成功的人」，於是到處都是千篇一律的文章、相同的人設。

每個月的講座和研習，都有近一百位學員來找我諮詢。

我的感想就是，「被暢銷法則耍得團團轉，每個人看起來都一樣」。

無法和同業做出差異化，寫什麼都變成千篇一律的文章。

都是一些套用不知誰決定「這樣寫就會大賣」的範本文案。

這實在太可惜了。

大家都太努力「想寫好文章」。

很多人因為太過於追求「必須仔細彙整」、「必須一針見血」、「必須從結論開始寫」、「必須發布有用的訊息」，結果什麼都寫不出來。

就算大家說「只要套用範本或法則就會大賣」，但如果套進去的文字很老套，也只能得出老派文章。

就算有人說要增加語彙力，但增加一堆和自己無關的語彙，也無法訴說自己的想法。

要寫出讓人有好感、打動人心的文章，必須——

傳達「真實自我」，而不是用字精簡或巧妙摘要。

本書要傳達的是「用文字展現人格」，「讓自己雀屏中選的方法」。

在廣告被忽視的時代，我們不能相信訴求「這樣寫就會大賣」的文案。

那麼要寫些什麼呢？

這就是新時代的文字與文章的寫作方法。

第1章 網路的人氣文章變了

CONTENTS 目次

CONTENTS 目次

第3章 建立自己的說法

第4章 將所有的日常瑣事化為內容

CONTENTS 目次

第1章

網路的人氣文章變了

靠「人的價值觀」，而非東西價值銷售的時代來臨了

本書設定的讀者群，是所有想加強訊息傳達力的人。

主要設定客層是自營業者、創業家、商店店主、想利用社群網路建立品牌的經營者或公關負責人。針對還沒決定想做什麼，但想出人頭地的人、希望自己在公司內更有影響力的商務人士、正在求職的人，提供有幫助的內容。

雖然這是一本文案作家談寫作方法的書，但講的卻不是「只要有這句話讀者就會點擊」、「只要這麼寫就會爆紅」的技巧。本書談的寫作方法，**目的不是為了短期內提升營收，而是為了獲得長久信賴，成為持續暢銷的人。**

本書推薦大家用文章展現自己的人格，**成為受顧客長久喜愛的人或公司，而不**

是像流星般一閃即逝。

●傳達人格，遇見「可以長久往來的顧客」

確實傳達個人或企業的人格（價值觀與重視的事），一開始就只會吸引到「可以長久往來的顧客」。傳達訊息時不展現人格，只想著不管是誰，只要會買就好，總之就是要衝銷售量的話，雖然可以在短時間內集客並增加營收，最終卻會因為顧客後來發現「我本來沒有那個意思」、「沒有我想像中好」等原因，流失顧客。這樣的話，下次集客一切又要從頭再來一遍，永遠都在煩惱如何集客。

越來越多人利用各種社群網路傳達資訊，但現狀是許多資訊都很零碎，如「總之就每天寫部落格吧」、「Twitter擄獲一萬粉絲的方法」、「活用Instagram建立有自我特色的事業」等等。某人的成功法則如果只是個人的灰姑娘故事，其實並不具有重現性。

十年來我為了這些想傳達自己的工作價值的人，舉辦講座與研討會。我的感想是**能寫出讓人感受到「人格」的文章，才是最強的人。不論是個人或公司代表人，能寫出看出那個人「人格」的文章才能吸引人。明擺著就是「想賣這個商品／服務」的文案沒有任何魅力可言。**

特別是近一、二年來，這種趨勢越來越明顯。社群網路其實就是玻璃後的世界，檯面上說得再好聽，其實內心的盤算早就已經人盡皆知。

●購物時的兩種模式

資訊爆炸的現代，人類的購物行為大致可分成兩種模式。

第一種模式是為了買到更好、更便宜的東西，會比價、比規格。

第二種模式則是因為喜歡某人或某品牌，不管價格內容就買了。

看不到人格的品牌通常只能成為第一種模式，陷入價格戰、規格戰。只要有更便宜的商品問世，即使功能一樣，顧客也很可能變心流失。

今後的時代應該以第二種模式為目標，這一點毫無疑問。而且任何人都可以透過社群網路建立第二種模式的狀態，不需要花錢。

重點不是「用什麼、如何用」，而是「寫什麼、如何寫」。**當大家都用一樣的工具，靠工具的使用方法決一勝負時，學會「持續暢銷的文章寫作方法」的人，才能脫穎而出。**

靠人格雀屏中選，其實是以前就有的做生意原則。最典型的例子就是買保險或汽車等高價商品時，消費者會根據「我想跟這個人買」的想法做選擇。另外顧客常跟著達人型店員或補習班名師走，也是一例。現代的商品／服務都已經有相當高的品質，越來越難靠規格或價格勝出，只能靠「人格」吸引顧客。

所以該怎麼做才能成為「靠人格雀屏中選的人」呢？本書就是要從文章寫作的角度，找出這個問題的答案。

說到要成為網路紅人，很多人可能想到的是「讓人不禁想點擊的用字遣詞」、

「網路爆紅文章的寫作方法」。但這種做法其實只會收到反效果。

利用讓人看了就不禁想點擊的標語，的確可以讓商品看起來比實際上更厲害。但如果消費者之所以購買，不過是因為「被激起購買欲，沒有多想就買了，其實根本沒有這個需要」，對品牌來說反而是失敗。

因為**現在的目標已經不再是「買了就好」**。

在人口減少，購買意願也降低的現代，重要的是「和每一位顧客長久往來」。

時代已經不同了，文章也應該有所改變了。

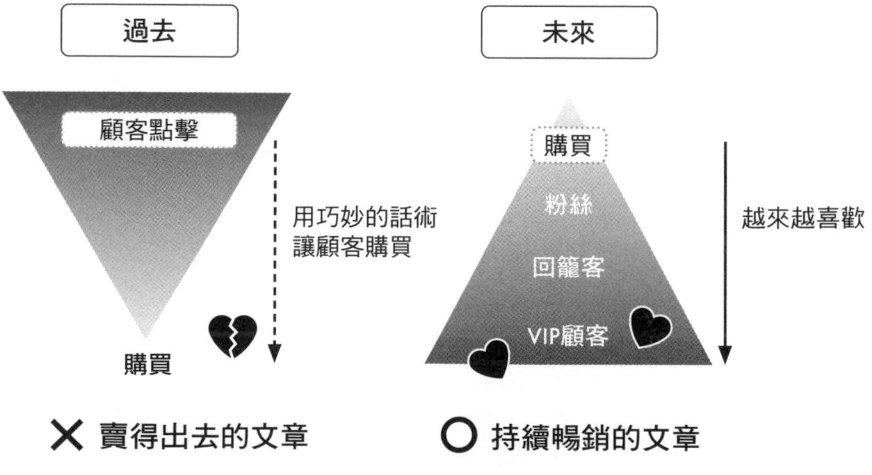

●社群網路不是賣場

越來越多企業或個人試圖透過社群網路增加購買與顧客，但許多人還是把社群網路當成是「促銷工具」、「集客機器」。只要在社群網路上介紹商品，自然賣得掉，但這是錯誤的想法。社群網路是和顧客建立關係的場所，並不是「賣場」。

圖1是利用社群網路集客的架構。要在網路上集客、銷售，有三大步驟：

步驟1　尋找

首先要讓消費者知道自己的存在，所以利用社群網路如Twitter、Facebook、Instagram等。可以根據你的目標客群常用哪一種、哪一種比較適合你，來決定要使用哪種社群網路。要讓別人知道你的存在，接觸點當然越多越好，但也沒必要每一種都用。

步驟2 成為粉絲

社群網路的發文會在動態上一閃即逝。即使追蹤了自己感興趣的人，他的發文也常埋沒在其他眾多發文中。光是在社群網路上追蹤你，還無法形成緊密關係。

要讓顧客反覆觀看，最有效的媒體就是部落格和YouTube。部落格和YouTube的特點就是顧客只要喜歡，就可以立刻看到過去的文章、影片。反覆觀看多次後，你的價值觀和商品魅力就會一點一滴地植入顧客內心。「note」（二〇一四年成立於日本，發布諸如文字、照片、插圖、音樂和視頻之類作品的媒體平台）和音頻媒體也包含在這些媒體中。

步驟3 購買

不論是社群網路、部落格還是YouTube，都是「等待」對方收看的媒體。相對地，自己可以主動推播的媒體則是電子報和LINE官方帳號（前LINE@）。為了取得這個人（企業）的資訊，連電郵地址或LINE都願意註冊的人，已經比一般人更有機會成為顧客了。銷售單價高於社群網路和部落格的商品／服務，就可以透過電子報銷售。

即使是電子報和LINE官方帳號，重點仍舊在於「要寫什麼」。如果只是新商品資訊或超值促銷活動的資訊，消費者早就看膩了。目標應該放在寫出一篇讓人覺得「雖然是通知但卻很有幫助」、「雖然是通知但卻很有趣」的文章。

免費提供如此有用資訊的人會獲得消費者信任，然後只要時機對了，就會想買他的商品／服務，時間可以配合的話就想去見見他。這種文章正可以強化消費者的這種心理。

不過電子報和LINE都是要消費者「專程註冊」的媒體，自己什麼都不做不可能有人會靠過來。所以必須給他們動機，讓他們起心動念「來註冊吧」。

圖1 集客的架構

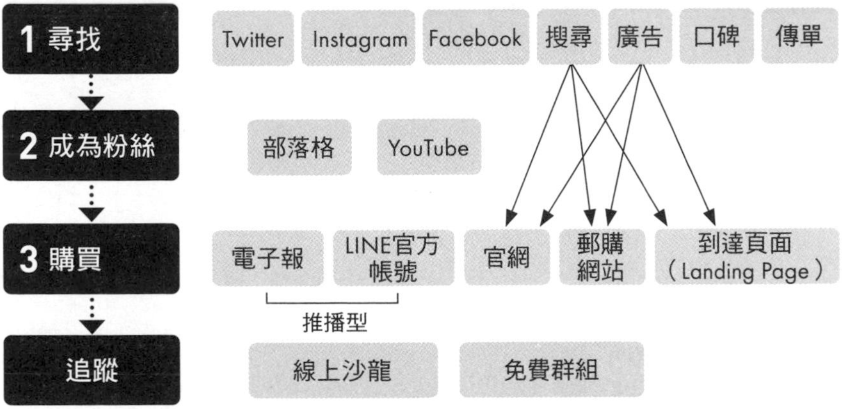

社群網路的發文很有趣，那也來看看電子報吧。能讓人這麼想當然最好，但如果很難做到水到渠成，最常見的手法就是「新會員註冊活動」。也就是「註冊就送你影片、聲音、PDF文字檔等，所以來註冊吧」的做法。

我自己也曾被贈品吸引，註冊了許多電子報和LINE。但如果註冊之後收到的電郵或LINE很無聊，對方可能就會封鎖你或取消訂閱。所以用心策畫出一個很棒的活動，但「後繼無力」的話就沒有意義了。

此外，尋找↓購買的模式大多不透過社群網路，而是由搜尋引擎或廣告，直接連到官網、到達頁面（為了銷售一項商品／服務的頁面）、郵購網站等。所以搜尋的人最終到達的網頁和郵購網站的頁面上寫了什麼就很重要了。

如果消費者到達的網頁是看得出作者的想法和開發的故事，感受得到作者面貌和世界觀的網頁，而不是一看就知道是要「推銷商品」的商品介紹網頁，那麼就算消費者來自搜尋引擎，也會有更高的機率成為粉絲。

能否和顧客建立長久往來，而非一次成功導購後就結束的關係，從相遇的那一刻開始就已經決定了。

和一位顧客長久往來的結構

不是只想著如何賣單一商品，而是在所有商品／服務上加上自己或自家公司的「人格」，這就是和一位顧客長久往來的策略。

換句話說，只要傳達了那個人或那家公司的人格，要賣什麼都可以。書店可以賣咖哩，米店可以賣衣服，美甲沙龍也可以賣在Mercari（日本網路二手交易平台）上暢銷的方法。

●建立社群圓環，加強信賴

圖2是「和一位顧客長久往來的事業模式」。以前常使用倒三角形的「行銷漏斗」模型，今後主流的事業模式，是不以漏斗前端最尖的部分為「終點」，而是讓漏斗前端無限延伸成無窮盡的圓環。

也就是和顧客寬鬆相連，一點一滴地提高顧客「想要的心情」，即使購買後也維持著寬鬆相連的關係，在社群中不斷地循環的概念。

在這種模式中，「一定要讓他買！」、「這樣說一定大賣！」等銷售話術只有反效果，傳達人格才能慢慢地獲得顧客信任，最終成為長久往來的顧客，並靠口碑介紹新顧客，形成理想的循環。而且一開始就傳達「人格」，而非只銷售單

圖2 打造和一位顧客長久往來的設計

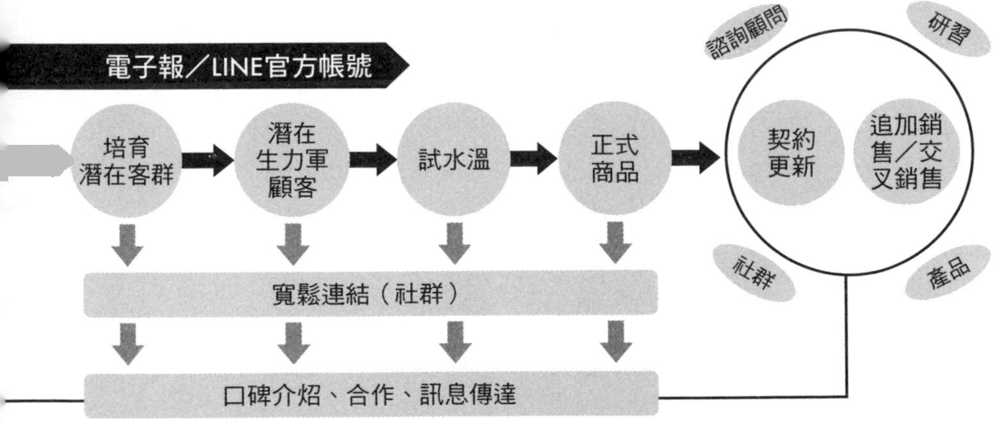

一商品／服務，消費者就不會去比較其他商品／服務，就算不特別意識到差異化，也能成為顧客的「唯一選擇」。

接著來看看事業模式的具體流程。首先以社群網路為入口，讓消費者「發現」自己。入口不只在網路上，發名片、傳單或口碑等也是入口。然後將已註冊必須「專程註冊」的電子報或LINE官方帳號的消費者稱為潛在客群。寄送電郵和LINE給潛在客群，傳達「為什麼需要這項商品」、「我們重視的事＝價值觀」，培育他們想要商品的心情，這就是培育潛在客群。

等到他們想要的心情和信任高到一個程度，就開始銷售試水溫的商品，也就是

行銷漏斗（傳統銷售方法）

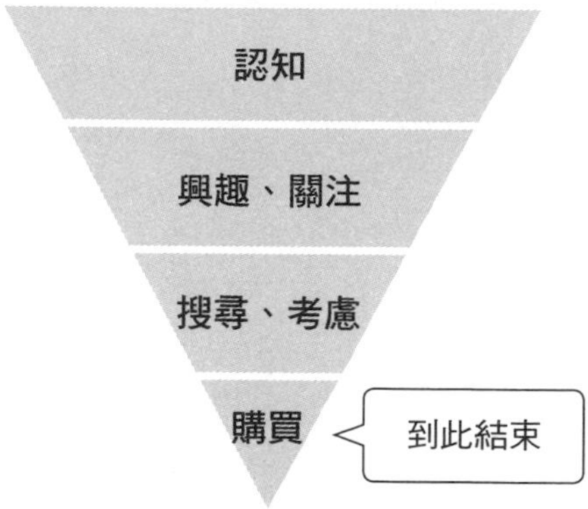

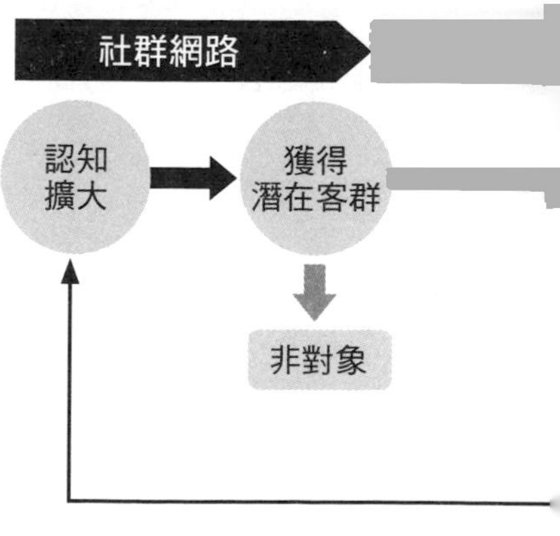

試用品。以商品為例，試水溫的商品可以是試用組等相對較容易入手的商品，如果是研討會或課程，指的就是「體驗課程」等。

然後再針對參與試水溫的人，銷售所謂後端的正式商品這一連串的流程。重點是這裡不是終點，要和購買正式商品的人保持連結，而且也要和在每個階段「離開」的人保持寬鬆的連結。

如果有這種架構，可以和當時未購買的人也保持寬鬆的連結，就可以當成是「買與不買都由對方決定，只要在對方覺得合宜的時機選擇即可」，也不需要利用「只有現在！」、「限定」、「不買你會後悔」之類的煽動性言詞，強迫顧客購買。

●維持寬鬆連結，就不需要「現在不買不行」

過去的事業模式多著重在「如何改善參與試水溫的人的成交率」，然而現在已經不需要這種事業模式了。

現代的趨勢常讓人覺得「想慢活」的人越來越多。例如，減重課程的學員，有人真心希望三個月就能瘦十公斤，也有人喜歡「一直用嚐新的感覺，好像把減重當成興趣一樣」。舞蹈教室和料理教室也一樣，有學員「希望能越來越厲害」，也有學員「想一直待在入門班快樂地學習」。這種學員就沒必要硬叫他上高級班，說不定也可以專為這種人開個一直嚐新的班。

商務講座和研討會也一樣，也有人一直參加兩小時左右的體驗課程。如果是以前的做法，就很重視如何煽風點火推他們一把，讓他們買下高價商品。可是現在只要為這種「慢調子」提供適合他們的課程即可。

此外也必須有一個讓購買正式商品的人，不會到此結束的架構。此時可以考慮的做法，就是成立一個只有買過的顧客才能加入的社群，只要附上對方認為有價值的優惠，甚至可以成立一個月費制關注群組。我也針對有意願參加的講座畢業生，開設一個月費制關注群組，提供文案批改和線上顧問服務。

其次就是「顧問」。如果之前都是群組應對，那就可以透過個別應對持續追蹤，如果是銷售物品，也可以考慮收費，為追蹤者提供更好的商品使用指導。

「研習」則是將以個人為對象的事業，改成以法人為對象的做法。也可以介紹不同於過去商品的其他「產品」。

而顧客購入正式商品後，還可以考慮回籠措施「契約更新」、讓顧客購買更高價的產品，或購買其他不同產品的「追加銷售／交叉銷售」。

這種新事業模式的特徵如下：

- 維持寬鬆連結，不需要去煽動顧客「現在不買就虧了」，可強化信任。
- 不論是哪個階段的人，都對人格感興趣而產生信任，所以容易帶來「口碑」、「介紹」。

不論是個人或企業，今後這種事業模式都將成為重要的觀點。

能把自己到目前為止的心路歷程全化為內容的人才叫厲害

想創業、想經營副業的人當中，應該有很多人還很猶豫，不知該賣什麼、該提供什麼服務才好吧。

其實製作自己的商品／服務並沒有那麼困難。

以下要提供一個例子。但在那之前要先強調一個前提，也就是不需要等到「製作出完美的商品／服務後再發布訊息」，製作商品／服務這件事可以放在最後（圖3）。

●做好商品／服務後再想「要怎麼賣」就太遲了

即使做出自己想出的完美商品，也不知道市場是否接受。所以我們應該做的是先建立「自己的粉絲」，然後用「最佳價格、最合適的方法」，銷售粉絲需要的東西，這樣一定會大賣。社群網路的時代讓個人或小公司也有大賣的機會。

東西之所以大賣，不是因為我們想出「如何銷售做出來的東西」，而是因為我們「製作出會暢銷的東西」。

但很多人在這裡都弄反了。如果只是集合你自己能做、擅長做、想做的事，做出來的商品不可能會暢銷。

因為「我只會做這個」、「我喜歡這個」、「我有這項資格認證」，才製作出這種商品／服務。

所以會用以下的觀點試圖去銷售這種商品／服務：

- 怎麼寫才會大賣？
- 誰會買？

●多少錢顧客會買單？

結果：

●寫出不是自己想寫的文章，而是別人說「這樣寫可以大賣」的文章。

●拜託雖然不是真正理想，但好像會買的顧客買。

●其實想漲價，卻因為缺乏自信而決定用這樣的價格銷售。

我真的覺得這種人很多。

做生意的基本原則就是要知道對方想要什麼，然後製作超出對方期待的商品／服務。

行銷要做的就是雀屏中選的理由，讓

圖3

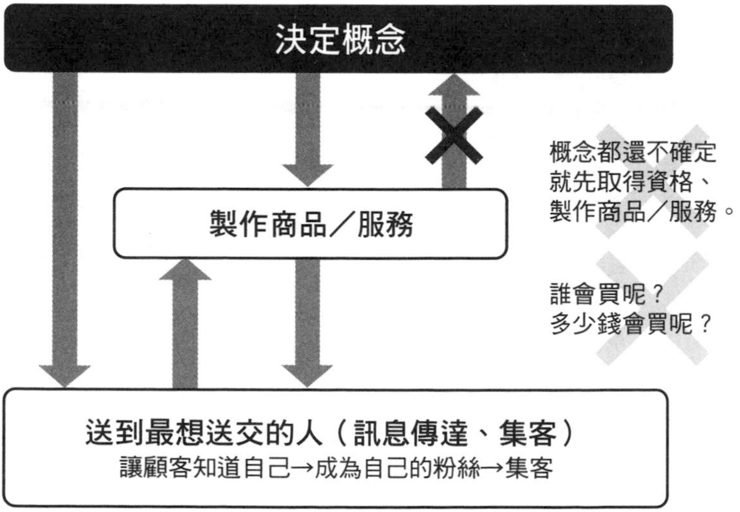
決定概念
製作商品／服務
概念都還不確定
就先取得資格、
製作商品／服務。
誰會買呢？
多少錢會買呢？
送到最想送交的人（訊息傳達、集客）
讓顧客知道自己→成為自己的粉絲→集客

商品／服務「會大賣」，而不是「賣」。

因此必須先用語言釐清自己做生意的對象。如果只是差不多的對象，就只能做出差不多的商品／服務，這樣根本打動不了任何人的心。

能適應今後時代的做法，**不是將流行的技巧化為內容，而是「把自己到目前為止的心路歷程全化為內容」的方法。**

●以自己獨有的「觀點」和「經驗」作為武器

現代是一個沒有榜樣的時代。你很難找到一個人做為榜樣，讓你知道只要像他一樣生活即可。就算成為上班族也看不到未來，雖然大家都在說創業好，經營副業好，但有很多做法技巧，又很難找到模範生活方式。選擇太多，反倒讓人不知道目標該放在哪裡，就算別人叫你自由發揮，很多人也手足無措。所以最強的就是可以成為榜樣的人。

雖說是榜樣，卻不像二、三年前「你也想跟我一樣吧？」、「我有○億收入」等的「憧憬訴求」，大白天就穿著時尚洋裝，在飯店酒廊享用香檳等炫耀行徑，大家也都看膩了。我們應該傳達的內容並不是這種表面的光鮮亮麗。

關鍵不在於「做法」，而是要用「人的存在方式」、「企業的存在方式」雀屏中選。存在方式有影響力的人，才是今後的榜樣。

你不需要擔心「自己無法成為那麼厲害的人」，這不是有幾位追蹤者這種層級的問題。就算你在Twitter或Instagram上有數萬追蹤者，完全和事業扯不上關係的例子也很多。與其看追蹤者數，更重要的是用追蹤者是否連結到集客與購買的觀點去觀察。

你不需要成為能影響全世界的「偉人」，只要成為可以傳達訊息給自己想傳達的人，而且對他們有影響力即可。

平凡人也有平凡人才寫得出來的文章。

煩惱中的人也有因為現在正在煩惱，才寫得出來的文章。

痛苦的日子、恨不得抹滅的過去，這些都是內容。

在資訊爆炸的社群網路時代，免費就可以取得許多「有用」的資訊，想要多少有多少。有用的資訊本身的價值越來越低，幾乎已經是0日圓了。這種時代真正厲害的人，就是確實有「自己的觀點」的人。

資訊的附加價值，就來自「自己獨有的經驗」和「自己獨家的觀點」，你一定也有只有你才寫得出來的內容。

●「把喜歡當成事業」的人常犯的兩大錯誤

「把喜歡當成事業」的人常犯兩種錯誤。

第一種就是去取得相關資格認證，以為這樣就可以從事自己喜歡的工作。取得資格認證並不是壞事，也有一些工作的確必須有資格認證（大多需要國家資格）。但很多人「取得資格卻無法當成事業」也是事實。

提供資格認證的民間團體，很少能在認證後協助集客或傳授做生意的方法，只會量產有資格卻無法賺錢的人。「取得資格認證」和「可以集客」、「有收入」完全是兩碼子事。因為一個資格認證無法變成事業，就持續花錢和時間去取得一個又一個的新資格認證，這種人應該就是典型的不會賺錢的人吧。

第二種就是只對「知道會有結果的事」出手。**「想做些什麼，卻不知道自己想做什麼」、「想把喜歡當成事業，卻不知道做什麼才好」的人，可能下意識地誤以為只能做有「只要這麼做就一定順利」、「有助於事業」、「可賺錢」保證的事。**

過去我看過很多擔心，如「自己雖然喜歡這個，但這樣做能賺到錢嗎？」、「做了這個會幫到誰嗎？」、「這件事到底有什麼意義？」等，而不敢行動的人。聽人家說「你就先做做看吧！」就反問「做了卻做不出成果怎麼辦？」的人，失去的是成功體驗和從失敗中學習的機會。

所謂工作，的確就是因為「幫到某人」、「被某人感謝」，而取得金錢對價。然而卻少有人對於更進一步的「幫上什麼忙」有正確的了解。

十年前被人說是「異想天開」的技巧，現在已經是寶貴的資產，或原本只是因為興趣而持續的事，卻因受矚目而變成事業，這些都是可能發生的狀況。

老想著「做這件事有什麼用呢？」、「有什麼意義呢？」而在原地踏步不前，

不如熱衷投入到「我喜歡這個」、「我想試試」的事情上，長遠來看有時反而可以幫到別人，或有助於成就某種事業。要在無法預測的未來生存，重要的不正是要有這種彈性的想法嗎？就算試圖預測五年後、十年後會流行什麼樣的生意，也得不到正確答案。既然如此，重視小小的「喜歡」、「興趣」，配合時代找出化為金錢的時機，這也是一種方法。

固守在一個工作或職銜上已經不再是標準做法，現在根本不知道什麼可以當成事業。不過只要發揮創意，任何事都可能成為事業。

●試著將箭頭由「自己」朝向「外側」

我想有些人可能會覺得我站著說話不腰疼、現在必須立刻找出工作才行啊！其實要把自己內容化並沒有那麼困難，只要稍微改變一下自己的想法即可。

所謂工作，就是提供某人價值，然後收取金錢做為對價。什麼是價值呢？其實就是「變化」，而變化主要有兩種：

①消除某人的不（煩惱、不安、不滿、不方便）；
②達成某人的理想（希望更像這樣）。

光做著自己喜歡的事，卻無法提供別人價值，那就無法成為工作。

有兩個簡單的方法：

❶先把自己想做的事、目前的工作放一旁，找出社會上的需求；
❷從自己理所當然會做的事開始，建立事業。

①先把自己想做的事、目前的工作放一旁，找出社會上的需求

我們不自覺地會想用自己的工作或想做的事（喜歡的事）建立事業，但前面也說過，沒有需求就無法成為事業。

所以換個角度來想，先把自己想做、目前正在做的事放一旁，找出社會上的需求。先拿下自己的商品／服務、自己想做的事的眼鏡，睜大眼看看世界，一定可以發現許多需求。網路上不知道誰的投稿發言、咖啡廳隔壁桌客人的抱怨、雜誌的標題、朋友的諮商……一一寫下這些事，思考「如果是自己，可以用什麼方法解決呢？」

即使用自己想做的事的觀點去想，想到的東西可能根本沒有需求，但如果從已經有需求的地方著手，套入自己的狀況去想，就不會離題。這就是思考的轉換。

②從自己理所當然會做的事開始，建立事業

自己的工作或想做的事先放一邊，平常自己很自然地在做的事情當中，有沒有被人說過「那個你是怎麼做的啊？」、「我想多知道一點」、「請你仔細教教我」的事呢？

如果可以用有重現性的方法告訴他人，這就可以成為你的事業。

假設你在Mercari上架物品銷售，獲得一萬日圓。周遭朋友或社群網路上的朋友跟你說「教教我怎麼做吧」，你能用有重現性的方法告訴他們，那就是一種內容。

要上架什麼、照片應該怎麼拍、標題如何下、和顧客如何溝通、包裝的訣竅等等，將這些資訊有系統地整理好，讓第一次做的人也能輕鬆了解，就可以利用部落格或社群網路散播文章或影片。投稿後你的粉絲如果因此增加，你甚至可以成立一個群組叫「在Mercari上賺一萬日圓收入吧」。如果這個群組是月費制，那就可以將內容化為金錢。

今後時代的五種文章寫作方法

❶「只為了賣」的文案不受信任

標語的最終目標，就是要讓對方「行動」。光想著要有衝擊力，或讓人會心一笑的用字遣詞，無法打動人心。

在資訊爆炸的現狀下，首先「讓人看見」很重要，很多人因此以為文案要「簡明扼要一針見血」、「要有衝擊力」，但以此為目的的文案常常會以失敗作收，建議大家不要這麼做。在還搞不清楚想傳達的內容時，光是排列有衝擊力的詞藻，無法打動任何人的心。

大家常說要寫出打動人心的精簡用詞，可以用Yahoo!新聞的標題當範本。但必須小心的是，很多網路新聞的標題都是為了賺點擊率的「釣魚標題」。為了賺點擊率，用煽情的反射性文案釣人，讀者點開後卻發現內容根本和標題風馬牛不相干，或讀了之後也解決不了問題，這種文案或許短期內可以賺到點擊率，但長期來看只會喪失信任。

網路新聞的入口網站或許還可以採用這種做法，但如果是個人或企業這麼做，只會讓人不想再看到你的訊息，所以我認為不要模仿網路新聞的標題比較好。

❷只會「套用範本與法則」無法打動人心

研討會上我問學員「你有沒有寫過標語？」大多數回答寫過的人，用的其實都是錯誤的方法。

最常見的錯誤方法就是「看和自己有關的業界部落格、官網或雜誌，挑出自己覺得不錯的詞彙，然後自己排列組合」。

其實這是最糟糕的做法，因為不但完全沒有自己（自家公司）的想法，還和別人用了一樣的文案。

這樣做雖然可以輕鬆寫出很酷、很炫的文案，但看來實在和市面上充斥的廣告沒什麼兩樣，所以讀者也是看過就算了。

如果想寫文案或讓人印象深刻的一句話，套用模板是最快的方法。市面上的確也存在著會大賣的模板（我的處女作《好文案決定你的商品賣不賣》〔商周出版〕中也介紹過會大賣的文案模板）。但套用模板真的是最後手段。

因為拿來套用的詞彙如果是隨處可見的詞彙，當然只會寫出隨處可見的文案。和同業用相同的詞彙，套用到「只要這樣寫就會大賣」的範本中，只能寫出和別人一樣的文字。所以首先要先建立「自己的話」，然後再套用到模板內，就可以寫出朗朗上口的話。可是大多數人卻反其道而行，先從套用模板開始，所以就會寫出似曾相識、詭異的釣魚文案。

❸「賣東西」的文章和「漲粉文章」不同

文案撰寫力就像是魔法，等到你可以妙筆生花時，垃圾都可以被你寫成黃金。一百日圓的東西經過你的手，說不定可以賣到一百萬日圓。可是這麼一來，你和購買者之間又會是什麼關係呢？

世面上有許多範本，告訴大家集客是這樣的流程、用這種順序這樣寫即可，這些範本應該也有它的效果，但重點其實是在集客之後。要讓來過的顧客成為回籠客，甚至是會再介紹其他顧客來的優良顧客，其實從在網路上「文章的相遇」就已經開始決一勝負了。

我們不能對自己的價值言過其實，不是因為道德或法律的關係，而是因為性價比太低。理由有二，第一是在社群網路的時代，雙方之間等於只隔著玻璃，謊言一下子就會被拆穿。第二是你一旦背叛了這些相信虛假價值而來（購買）的人，就永遠無法脫離「搶新客競賽」。

我們要寫的是可以長久暢銷的文章，而不是短期內集客創造營收的文章。過去許多文章技巧都講究「在對方的心上煽風點火」，但未來寫作時，必須像炭火一樣慢慢抓住對方的心，不知不覺中讓他成為粉絲。

大家常說「粉絲」，但粉絲到底是什麼呢？不是明星的我們就算發文說「今天中午我吃了什麼」，也不會有人感興趣。我們為什麼發文？就是為了自己的事業，所以我們的「粉絲」就是「潛在客群」。

「這個人的發文很有趣，來追蹤他吧。」、「我喜歡這個人的觀點。」如果是基於這樣的出發點，進而延伸到「總有一天我想見到他本人」、「如果是他說的，我會想要」、「我希望給他教」、「只要是他做的東西，我都想要」，那就是很忠誠的粉絲了。

暫時集客的文章，就是會讓人「沒多想就買下來了」、「其實也沒那麼想要，但就按了購買鍵」的文章。我想很多人也有這種經驗，明明不需要，但看著深夜的電視購物頻道，不知為何就下單買了。但這種銷售方式不可能長久。

我看過不少人認為「為了集客必須這樣寫」、「為了賣東西，就要寫會讓人買的話」，強迫自己寫出不像自己的文章，或是原本一點兒也不想寫的煽情類文章，到最後搞得自己一想到要發文就煩得不得了。

把東西硬推銷給不需要的人，不論是對買方或對賣方，都只會帶來不幸。

❹有影響力的文字會因為商品認知度而不同

史帝夫．賈伯斯有句名言說「消費者通常要看到產品，才會知道自己想要什麼。」但**大多數人無法明確地用言語表達「自己想要什麼」**。能否讓消費者發現自己想要什麼，就是勝負的關鍵。

- （沒人講我還沒發現）我也這麼想。
- （這麼說來）我曾經很想做那件事。
- （看到產品後）這就是我想要的東西。

社群網路和部落格是可以接觸到「潛在客群」的媒體。如果只靠主動搜尋「我想買這個商品」的客層（浮上檯面的客群），無法在少子高齡化的時代拓展市場。

人通常無法把自己的想法好好說出來，可以說出自己在想什麼的人，其實是少數。所以對於有人可以把「無法好好說出來」而焦慮的心情，或大家可能都隱隱約約地這麼想卻無法好好說出來的事，好好說出來的人，就會產生「他說到我心坎裡了」、「他懂我的心情」的共鳴。

說出來就表示化無形為有形。一個人只要能給原本模糊不清的東西一個輪廓，例如用言語表示這就是這種名稱的感情、這就是那種狀態等，光是這樣，就可以掌握在那個領域的主導權。

此時必須注意的是，說的對象是雖然對該商品／服務本身沒有興趣，但有「煩惱（困擾）」和「欲望（希望變成這樣）」的人。

舉例來說，如果想賣減肥商品，目標就不是「肥胖者」。對象不是肥胖這種狀態，而是因為肥胖而有某種困擾的人、想瘦下來後變成這樣的

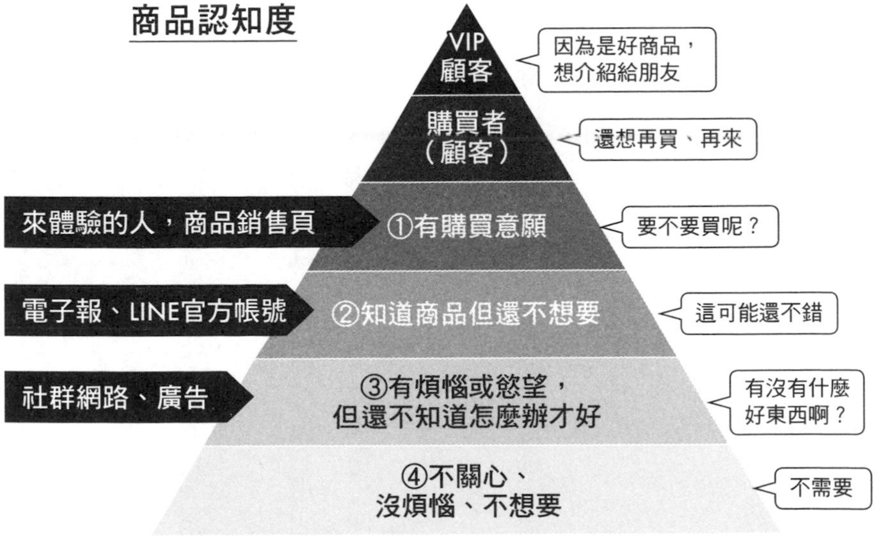
商品認知度
VIP顧客
因為是好商品，想介紹給朋友
購買者（顧客）
還想再買、再來
來體驗的人，商品銷售頁
①有購買意願
要不要買呢？
電子報、LINE官方帳號
②知道商品但還不想要
這可能還不錯
社群網路、廣告
③有煩惱或慾望，但還不知道怎麼辦才好
有沒有什麼好東西啊？
④不關心、沒煩惱、不想要
不需要

人。就算從你的角度來看她太胖，但她的男朋友可能正好就喜歡楊貴妃型的女友，說不定她本人還是大尺碼服飾雜誌的模特兒，所以她很幸福。幸福的人就不會是你的目標對象。就算對這種人說「瘦下來會變幸福哦」，也只會被當成多管閒事。

重要的是**讓對方發現他自己潛藏的心情**。想用文章和話語改變對方的心情，這種想法太自不量力，更別提還想讓對方照著你的話行動。

你能做的事，就是讓對方發現他心中原本就有的心情，開啟他自己都沒發現的情感開關，替他定義他無法說出口的心情，讓他回頭發現那邊也好、這邊也是一個選擇，你也只能做到這些了吧。

對於完全沒有需要的人，即使用花言巧語誘導他購買，也只會讓他後悔「我怎麼會買了這種東西啊？」偶爾衝動買下自己不想要的東西雖然不是壞事，但卻不會因此對品牌產生信賴。

接著我們具體來看看每個階段應該傳達的訊息：

①有購買意願的人

會搜尋商品名稱然後瀏覽商品銷售頁面的人，以及參加體驗課程等的人，都已經是有購買意願的人。對於這些人，只要在背後推他們一把就好，消除他們對於商品／服務可能會有的不安，確實說明讓他們不會「不了解」。

可以說明的階段，也就只有「對方想要」的這個階段。在對方不想要的狀態下說明，不過是強迫推銷「請你買」。當對方的心情還沒有進入「想要」的狀態，再怎麼說明商品，對方也不會認真聽；再怎麼有條有理地傳達正確資訊，也無法左右對方的心情。所以在傳達正確資訊之前，必須先動之以情，建立對方希望「請你多告訴我一些」、「我想再仔細了解一下」的狀態。

②知道商品但還不想要的人

這個階段的人雖然對商品／服務或品牌感興趣，但「想要的熱情」還沒那麼強。對於這些人的有效策略，就是讓他們註冊成為電子報會員和LINE官方帳號好友，慢慢地加強他們「想要的熱情」。透過電子報和LINE官方帳號要傳達的是「價值的教育」，確實傳達對他來說這是有價值的商品／服務。

對於覺得「這可能還不錯」但還在猶豫觀望的人，有三個應該傳達的重點：

●降低門檻

雖然感興趣，但還是擔心我真的可以去嗎？我跟得上別人嗎？不知道這個商品是否真的適合自己，沒有自信。這種人真的很多。

例文

常有人這麼問：「我真的可以去參加手機拍照教室嗎？」、「我的智慧型手機很舊，沒問題嗎？」其實您不用擔心，本課程的對象就是初學者，所以會從最基本的操作開始仔細說明，這和手機機種新舊無關。與其煩惱該不該換新機，不如先學會拍照的方法，這才是捷徑。

打造就是現在的時機

就算感興趣，有人還是會想著「不然下次再說吧」，遲遲不動作。對於這種人，有效的做法就是為他們打造「就是現在」的時機。你可以用時間點為訴求，例如在夏天前、在聖誕節前等，也可以提供使用方法的提案，如「母親節就送媽媽一份代做家事的禮物吧」。「擇日不如撞日」的訴求也很能打動人心，ＫＦＣ的標語「今天要不要吃肯德基啊？」就是一個例子。你也可以直接寫出「不然下次再說吧」的心情。

例文

如果有「醫院開的藥和我不合，是不是要改吃中藥啊？」的想法，您就可以開始嘗試中藥了。使用中藥永遠不嫌早，只要覺得有哪裡不舒服，中藥藥局還可以告訴您「為什麼會有這種症狀」。為什麼肌膚狀況會變差？為什麼會得花粉症？如果有找不出原因的煩惱，歡迎來跟我們聊聊。

消除不買的藉口

搶先一步說出對方心中不買的藉口，可以讓他發現原來自己也有這種想法。

例文

「我想學習如何寫出一篇可以集客的文章，但我沒有時間。」這個講座就是為了您開的。只要來聽一天課，就很清楚應該對顧客傳達什麼訊息、如何傳達，大幅提升寫作速度。上完課後可以縮短每天寫部落格和電子報的時間，多出來的時間可以用在原本應該做的事上，如應對顧客、新事業等。越是沒有時間的人，集客文章講座對您的幫助就越大。

此時「寫法」很重要，如果你用的是「您是不是總是用沒時間當藉口呢？」這種寫法就是一副很了不起的樣子。我會在第四章說明寫法的詳細內容。

③有煩惱或慾望，但還不知道怎麼辦才好的人

最應該利用社群網路提供訊息的對象，就是這個階段的人。社群網路不是賣場，是一個可以針對還不知道什麼東西可以解決自己的煩惱或欲望的人，提出訴求的場所。這裡有人已經很清楚了解自己的煩惱和欲望，但也有人還沒發現自己有這樣的煩惱。

對於「有模糊的煩惱或欲望」、「沒發現解決方法」的人，傳達以下兩點很有效：

- 利益（該商品／服務可以帶來的幸福未來）
- 顧客的變化（那個人變成那樣的前後對照）

本書要傳達的文章寫作方法，主要就是以這個階段的人為對象。

④不關心、沒煩惱、不想要的人

要讓基本上沒有煩惱、不想要的人回頭關注商品／服務，真的和登天一樣難。

因為以沒有煩惱的人為目標客層，根本就是多此一舉。話雖如此，你還是可以先讓這些人對「你這一個人」，而非商品／服務感興趣，之後再讓他們知道商品／服務，以便連結到他們的興趣。

舉例來說，當你和當地的網球社團成員混熟了之後，有位成員告訴你「其實我在不動產業工作」，之後你想買房子時，自然就會想到去和他聊聊。只要先建立起信賴關係，等到「時機」來臨時自然會成為選項。今後這種做法也會成為網路上的主流吧。

例如在某個線上沙龍裡互相評論，參加線下聚會，產生信賴關係後，你知道了那個人的商品／服務，可能就會想「這個人值得信任，那我就買買看吧」。建立長期的信賴關係，「靠人雀屏中選」，應該會取代短期策略，成為今後的重要觀點。

當然這麼做的大前提是眼光要放遠。對剛認識的人傳送推銷商品的訊息，或寄電子報給剛交換名片的人，這種做法根本不在我們的討論範圍內。

❺比起消耗品型文案，必要的是「成為品牌資產」的文案

我過去曾在廣告公司負責製作企業廣告。廣告有兩種：

①銷售商品或服務的廣告；
②提升品牌或企業形象的廣告。

這兩種廣告的目的不同，前者為「購買」，後者則是「提高品牌好感度」。前者是短期策略，後者則是長期策略。

而廣告從業人員也可以大致分成兩種：一種是專門寫「促銷文案」，也就是和營收直接相關的文案（很多人都是郵購或電商的專家），另一種則是負責寫「品牌文案」，也就是提高企業價值的文案（也就是廣告公司等所謂的文案作家）。當然有人兩種文案都寫，但一般來說，專精其中之一的人還是比較多。廣告公司內部兩種人所屬部門通常也不一樣，可見兩種文案被當成「不一樣的東西」。

隨著越來越多人透過Amazon或樂天市場網站等電子商城，或品牌官方購物網站

等，在網路上完成購買，關鍵字廣告和橫幅廣告等網路宣傳，已經成為理所當然的手段，網路上也因此充斥著「促銷文案」。

根據「這樣寫就會大賣」、「只要有這句話，反應就會更為熱烈」的範本寫出來的文案很有吸引力，這一點無庸置疑，可是我認為**「銷售商品或服務的文案」，才更應該寫出企業或個人的品牌價值。**

因為光傳達一個商品、一種服務的魅力，永遠都只能一直賣商品／服務。

反之，如果能成為因為個人或企業本身而雀屏中選的存在，如「我想跟這個人買」、「我在意這個品牌」，就算不去想如何銷售一個又一個的商品，也能在商品問世前，累積越來越多等待「我想要那個」的粉絲和顧客。

話雖如此，如果沒有任何訊息性，只是把酷炫的標語放在好像那麼一回事的視覺上，這種廣告沒有任何意義。

所以我們要想的不是如何賣一個商品或一種服務，而是透過商品、服務，銷售自己這個品牌。我認為用這種意識寫出來的文案，才是適用於今後的標語。

除了廣告之外，在社群網路上發文時、在擬定部落格標題或活動、企畫書標題時，我們**要寫的不是「如何銷售在眼前的一個商品」，而是要寫出能傳達商品背後，自己和自家公司的理念與使命的話，這才是「雀屏中選」的捷徑。**因此首先就要用言語表達自己的使命。

第二章起將說明具體的內容。

將自己化為內容的事例①

為過去理所當然做的事建立法則，改變對象銷售

先來說說我自己。

我創業是十年前的事，在那之前我是在廣告公司負責撰寫企業廣告的文案。小孩出生後我請了育嬰假，之後重回職場卻格格不入，只好辭職。因為和前公司之間的關係，我不能接以前負責的顧客委託的工作，只能自己一個人從零開始建立事業。於是我開始在部落格和Facebook上發文。

當時我的興趣只有育兒，所以我把自己的育兒經驗寫成詩作，發表在部落格上。結果一位育兒雜誌的編輯看到我的文章，成為我開始為雜誌的Facebook粉專寫文章的契機，這就是我由零開始建立的「第一件工作」。

後來我持續在自己的社群網路和部落格發表文章，也開始接受出版社委託寫書

或雜誌文章。但因為小孩還小，截稿壓力和緊湊的行程逼得我喘不過氣來，我開始想自己主導工作，而不是配合別人的安排，於是我著手打造「獨家商品」。成果就是「兩小時就會寫標語」的內容。

我將自己做得很順手，覺得沒什麼大不了的「寫標語」，整理成「每個人都會寫標語的五大步驟」法則，然後在研討會和工作坊中推廣銷售。這裡的重點就是銷售對象。

我的銷售對象不是想成為文案作家的人，而是「想賣出自己的商品／服務」的自營業者或創業家。十年前剛好使用部落格或社群網路自我推銷的人越來越多，所以我低調地在大阪開始舉辦講座，不過幾年光景，就已經將版圖拓展到東京和線上，而且座無虛席。

現在我的集客主軸是電子報。我的電子報讀者約兩千人左右，人數並不龐大，但每次發文一定會有幾個人來參加研討會或個別諮詢等。

現在我的活動觸角已經延伸到個人講座、線上沙龍、企業研習、教材銷售等活動，同時也為企業製作廣告。

第2章

找出只有自己能寫的內容

每個人都有只有自己能寫出來的內容

我已經知道文章要能展現人格，可是這種文章要怎麼寫呢？這就是本章要談的內容。寫作前必須先決定「寫給誰看」、「寫什麼」、「如何寫」。第二章要談的是「寫給誰看」，第三章和第四章分別要談「寫什麼」及「如何寫」。

●每個人都想知道「對自己來說有價值的內容」是什麼

寫文章時最重要的一點，就是「寫給誰看」。如果是小說或散文等「作品」，或許不需要事先決定寫給誰看。但本書中所謂的文章，是和自己的事業有關的文章，是為自己或自家公司建立品牌形象的文章。

從兩個角度來看，決定「寫給誰看」很重要。

❶因為以芸芸眾生為對象寫出來的文章，無法打動任何人的心；

❷因為可以遇見讓你由衷想幫上他忙的顧客。

①因為以芸芸眾生為對象寫出來的文章，無法打動任何人的心

在資訊爆炸的社群網路時代，一般人只要覺得這不是「對自己有價值」的資訊，立刻就會將之排除在外。反之如果有興趣，就會主動搜尋以取得資訊。所以最厲害的作家，就是寫出來的文章能讓讀者覺得「這和我有關！」、「你為什麼這麼了解我？」的人。

②因為可以遇見讓你由衷想幫上他忙的顧客

如果想集客或增加營收的想法過於強烈，就會陷入「總之先衝量」的思路。為了增加追蹤者人數，就想寫「好像會增加追蹤者人數的文章」。可是這其實是本末

倒置的做法。就算為了衝量而寫文章，也無法觸及原本你想要的對象。

因為讀者們有以下的想法：

- 為什麼你這麼懂我的心情？
- 你好像就是我心情的代言人。
- 你把我說不出來的心情說出來了。
- 我就是想知道這個。

才會想知道更多，想追蹤這個人的資訊。只要能讓讀者覺得你很了解他，在雙方見面前就會產生信賴感。

因此作家必須事先設定好文章想寫給誰看、想傳達訊息給誰，然後再動筆寫，不然寫出來的文章就無法觸及原本想傳達的對象。

●決定自己發文的立場是「想成為什麼樣的人的友軍」

說到要決定發文的目標對象，大家想的可能是「要把自己的事業推銷給誰」、「誰會買這項商品／服務？」但照這種想法去做不會順利。你應該決定的是「自己傾畢生之力，想成為什麼樣的人的友軍」、「想幫上誰的忙」。看到這裡有人可能會覺得，怎麼突然說起大話來了？但我可是認真的。

今後最強的人是「把自己的整個人生當成工作的人」。銷售商品／服務不是因為被別人要求，而是因為「想以自己的姓名作為招牌工作」、「想做只有自己能做的事」。如果你也有這種想法，那麼抱著工作＝自己的覺悟就很重要了。

這並不是叫你要二十四小時不停工作。

這是一種全新的工作方式，把自己的身心靈當成事業經營，你活著的所有時間、所見所聞的所有內容、所有感受，還有你自己都是事業的內容。

因此不要用「想把自己的商品／服務賣給誰」這種小鼻子小眼睛的觀點，要明確地用言語表達「自己傾畢生之力，想成為什麼樣的人的友軍」、「想幫上誰的忙」。

想成為什麼樣的人的友軍＝發文的立場。

只要確定這一點，寫作內容、寫作地點（媒體）自然隨之確定。

所謂友軍，就是決定——

- 自己傾畢生之力，想幫上什麼樣的人的忙。
- 經由工作，想把誰從什麼樣的狀態下解救出來。
- 想成為處在什麼狀況下的人的友軍。

也就是決定「自己透過傳達訊息，想幫上忙、想解救的人」。

具體來說，

- 是因為什麼事而感到煩惱、困擾、痛苦、猶豫的人。
- 是想成為什麼的人。

這和年齡、職業、性別等無關，完全由那個人的「煩惱」或「理想」等「感情」決定，也可說是價值觀。

●你為什麼在做那份工作？

已經很清楚自己想做的事和今後方向的人，接下來就弄清楚以下兩點吧。

- 你為什麼在做（或想做）這份工作。
- 你想解救什麼樣的人的什麼樣的煩惱。

「你為什麼在做這份工作」又包含兩點：

❶ **你開始那份工作的契機（過去）；**
❷ **你想透過工作建立什麼樣的世界（未來）。**

我想有人擅長寫過去，有人想到未來就很興奮，可以振筆疾書。但不管是什麼人，都一定有一個契機，有想透過工作實現的未來。是否能用文字確實闡述這個部分，將是事業成敗的重大關鍵所在。**「自己為什麼在做這份工作」就像是使命，只要能確實用言語表達使命，未來就算有煩惱、有迷惘，使命也會告訴你應該走上哪條路。**

而且在周遭人的眼裡看來，能明確地暢談「為什麼在做這份工作」的人，身邊也會聚集比較多人。要成為受支持、受人信賴的人，這是必經之路。

就算說出來的話不夠酷，不會簡潔扼要地寫出來，都沒關係，只要試著用你自己的話寫出來即可。

然後再寫下「你想解救什麼樣的人的什麼樣的煩惱」。只要寫得出「自己為什麼在做這份工作」，接著就要去思考自己想傳達什麼訊息給顧客。

- 根據你的經驗和今後想建立的世界，你想幫上有什麼煩惱或痛苦的人的忙呢？
- 你希望成為想變成什麼樣的人的後援呢？

把你的這些想法寫出來。

暢銷的事業不是「煩惱解決型」就是「願望達成型」。人之所以會想買某種物品，或想把時間花在某件事上，通常都是因為「想解決煩惱或困擾」，或「想滿足希望變成這樣的欲望」。

自己的事業或想做的事，是煩惱解決型？還是願望達成型？先決定好這一點，然後再用言語表達你想幫上什麼樣的人的忙。

現在便宜但品質也不錯的商品／服務越來越多，類似商品充斥市面，因此所有事業都是「時間爭奪戰」。一個人一天就只有二十四小時，消費者願意把多少時間花在你身上呢？這就是事業成功與否的分水嶺。

每個時代流行、暢銷的商品／服務，都是能解決當時多數人的煩惱，實現多數人想變成這樣的理想的商品／服務。

以二〇二〇年為例，因為新冠疫情蔓延，「宅經濟商品」大賣。每個人待在家的時間變長了，為了紓發不能外出的壓力，麵包機大賣，單人帳篷也流行起來。

人的煩惱和理想會隨著時代改變。分辨出自己現在設定的「顧客煩惱」、「想成為這樣的理想」是否符合今後的時代需求，也是重要關鍵。

所謂工作，就是「解決某人的困擾，滿足對方需求的事」。而金錢則是工作的對價。

「你為什麼在做這份工作？」

「你想解救什麼樣的人的什麼樣的煩惱？」

寫下這些內容時，一定要以自己為主語，用我、老子、本人為主語，不要用自己以外的人或物，如因為被誰引誘了、因為以前的職場是〇〇等為主語，而要以自己為主語，寫下自己為什麼想做、自己想為了什麼樣的人做。

如果是以企業公關的立場傳達訊息，我認為寫出「個人想法」比較好。以窗口A的身分，寫下自己為什麼做這份工作、想解救什麼樣的人的煩惱吧。寫出來的內容當然必須檢查是否偏離公司，甚或是品牌的方向，但我認為「以個人的身分」發文，會比「以公司的立場」發文，更能引起他人的共鳴。

WORK

你為什麼在做這份工作？

●契機是？

●透過工作想建立什麼樣的世界？

你想解救什麼樣的人的什麼樣的煩惱？

●你希望幫上有什麼樣的煩惱（困擾、想解決的事）的人的忙？

●你希望幫上有什麼樣的理想
（想成為這樣的願望）的人的忙？

找出自己價值觀的泉源

等到你可以用言語表達現在在做的工作，和今後想做的事之後，接下來就要去尋找自己價值觀的泉源。如果你還不是那麼確定想做的事，也可以從這裡開始。

前面提到要寫下目前自己工作的使命。我再重申一次，今後的時代「正在做什麼」不重要，重要的是「為什麼要做那件事」。因此拿下所謂「想把這項商品／服務賣給誰」的「自己商品的眼鏡」很重要。**接著先把商品、服務、自己想做的事放一旁，先來發掘自己的人生吧。**

為了發掘自己的價值觀，先試著把自己到目前為止的人生畫成圖表。

圖4 椹寬子的人生圖表

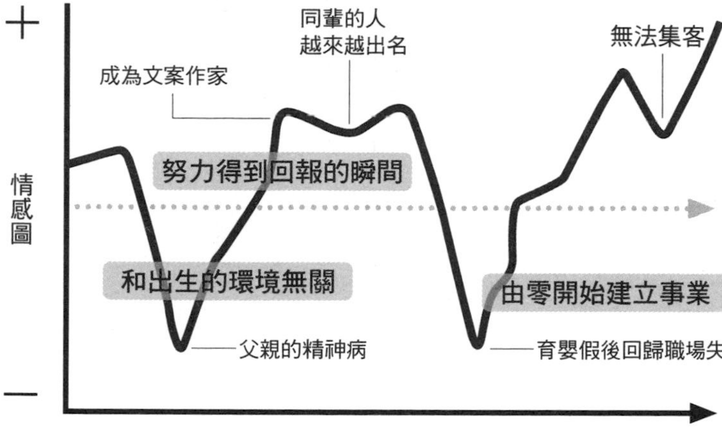
+
同輩的人
越來越出名
無法集客
成為文案作家
努力得到回報的瞬間
情感圖
和出生的環境無關
由零開始建立事業
父親的精神病
育嬰假後回歸職場失敗
—

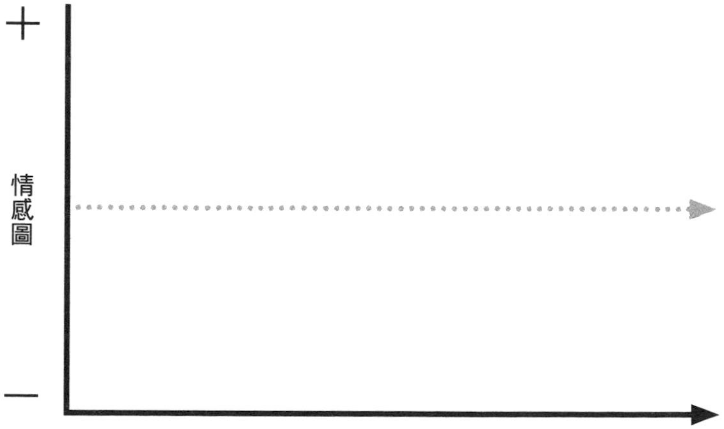
+
情感圖
—

將過去的人生畫成圖表

畫成圖表的優點，就是可以用言語表達自己也沒發現（已忘記）的價值觀。

首先畫一張縱軸為情感，橫軸為年齡的圖（圖4）。中央的線為0，然後試著將自己的人生填入表中。

做法有兩種：

❶ **把事件標記為點，然後把點和點連起來；**

❷ **先畫出線圖後，再把事件標上去。**

兩種方法都可以，用你覺得簡單的方法去畫。

重點就是要描繪出自己情感的起伏。畫圖不要站在客觀立場去看那是好事或壞事，而是要根據你的主觀，覺得高興時線往上走，覺得痛苦時線往下走。

然後在線條的高低點標上當時發生的事件。以我為例，我填的是「父親的精神病」、「成為文案作家」、「同輩的人越來越出名」、「育嬰假後回歸職場失敗」、「無法集客」。

然後再針對每個事件，思考「為什麼上升」、「為什麼下降」，填入自己想出來的關鍵字。例如當時發現的事、自己當時很重視的事、當時一直在想的事等。

我寫出來的是「和出生的環境無關」、「努力得到回報的瞬間」、「由零開始建立事業」。

如果你可以寫得更詳細，當然也很好。不用去管寫出來的事件在別人眼裡，算不算得上是重要的事，只要覺得在自己的人生中，可當成是轉捩點的事，就可以寫出來，不論是多麼微不足道的事。

我想很多人都知道史帝夫．賈伯斯在史丹福大學對畢業生演講時提到的「Connect the Dots」。他提到自己不是為了創造「字體」而去學書法，而是將書法和電腦這兩個點相連，創造出「字體」。在做那件事的那個當下，你可能不知道「做這件事到底有什麼意義」，但事後回顧時，常會發現和自己現在的工作或活動有所相關。乍看之下好像跟現在的工作或今後想做的事沒有任何關聯，其實背後有時可能隱藏著自己極為重視的價值觀。

我覺得人有兩種，一種是決定好目標，然後朝著目標前進的人（逆算思考），另一種則是專心做眼前的事，然後不知不覺間順利到達目的地的人（堆積思考）。即使是同一個人，也可能因狀況或環境而改變思考方式。逆算思考可以有效地用最短時間達成目標，但可能很難遇見超出預期的美好意外。

不論是哪一種人，都必須在某個時間點進行「回顧」，用言語表達每一個點對現在的自己帶來的影響。

而且重要的不只是那個點的「意義」，「當時的情感」也很重要。人生的高低起伏就是自己一路走來的軌跡。

接著再問自己一些問題，以決定自己的價值觀和想成為什麼樣的人的友軍。請看著剛剛寫下來的圖表來回答。

❶ 讓自己的情感大幅波動的事件是什麼？（數量不拘）

❷ 因為那件事而產生的價值觀是？重視什麼？

❸自己想幫上什麼樣的人的忙？

❹為了那樣的人，自己現在在做的事、未來想做的事是什麼？

請寫下畫出人生圖表後發現的事，而不是過去一直在想的事。

我在做這項作業之前，都因為自己是「教人創造標語的人」，認為自己想傳達的對象是「想創造標語的人」、「想好好傳達自己的商品／服務的人」。如果以屬性來看，大概就是自營業者、創業家、中小企業經營者或企業的公關負責人。這就是我決定目標客層的方式。

我還一直在想「我和其他文案作家有何不同」。但執行這項作業後，讓我有了更深入的發現。

●從自己的獨有經驗中找出關鍵字

我唸小學時父親得了精神病，有一天就突然辭職了。幾年後他才被診斷是思覺失調症（當時稱為精神分裂症），那幾年我只是一直覺得父親很奇怪。當時我親眼看到打工的母親一肩扛起家計，十分辛苦，讓我覺得「女性就算有一天結婚生子，也必須有一份長久的工作，不然會很可憐」，而這也是我的原點。

一直想有一份工作的我後來成為文案作家，卻無法脫穎而出。我的第一份工作是被派到廣告公司，借一張桌子，負責撰寫文案。工作形態、年紀相仿的朋友得了大獎，因而得以成為廣告公司正式員工。我從旁目睹這一切，內心極為鬱悶，不禁懷疑「這份工作是不是不適合我？」

即使如此我還是咬牙繼續努力，等到我覺得上司和客戶終於開始認可我的表現時，變數來了。我懷孕了。

公司雖然讓我順利取得產假、育嬰假，但等我休假一年後回到公司，已經沒有我的位置了。我的精神受到很大的打擊，每次到了公司附近的車站下車後，我的腳

WORK

說出自己獨有的故事

① 讓自己的情感大幅波動的事件是什麼？

② 因為那件事而產生的價值觀是？重視什麼？

③ 自己想幫上什麼樣的人的忙？

④ 為了那樣的人，自己現在在做的事、未來想做的事是什麼？

以椹寬子為例

① ●小學時父親得了精神病，打工的母親突然必須扛起家計。
●休完育嬰假後辭職，其實就像是被公司解僱了一樣。

② ●女性不論在哪個階段，最好要有一份長久的工作。
●萬一家人或自己發生狀況，也能從零開始建立事業。

③ 即使受限於家人和自己的身心疾病、育兒或照護等，仍想以自己的姓名作為招牌工作的人。

④ 用自己的價值從零開始建立事業的實踐課程。

就會僵住，動彈不得。這種日子過了一段時間後，我像是逃避般地辭職了。

雖然辭職了，我還是不想停止工作，於是我開始寫部落格，從零開始建立自己的事業。因為有過這樣的經驗，我才有「不論自己或家人身上發生什麼突發狀況，只要能用言語文字表達自己的價值，就可以從零開始建立事業」的工作概念。

我的標語就是「用言語文字建立事業」。現在我雖然在傳授創造標語的方法、寫作方法和行銷方法，但這些都不過是「手段」。我可以提供的價值就是「用言語文字建立事業」。

當這個概念真正打動我，完全串聯起我的工作和自己的人生時，我對自己的工作自然產生了使命感與自豪。

我要傳達訊息的對象，就是「想以自己的姓名作為招牌工作的人」。

只要有這種想法，不論是自營業者、創業家、上班族、公務員、學生都沒關係。不分性別年紀，只要是「想以自己的姓名作為招牌工作的人」，都是我的目標對象。

等到我開始在講座推動人生圖表作業，有許多想做的事或有多項事業的人，也可以抬頭挺胸地表示「這就是我」了。

要傳達給誰呢？為了決定這一點，請大家務必畫出自己的人生圖表，並根據圖表用言語表達自己的價值觀。

問題③要寫的就是「要傳達給誰呢？」，也就是你傳達訊息的對象。

目標設定的誤解

常有人問我目標客層那麼少，不會有問題嗎？其實很多人對鎖定客層存有誤解，甚至造成機會損失。

目標設定的常見誤解如下：

- 決定人物誌（架空的人設）。
- 目標越有針對性賣得越好。

其實這兩種想法都是錯的。

●人物誌（架空的人設）沒有意義

目標設定方法的常見誤解就是仔細寫出一個理想的顧客樣貌，也就是所謂的人物誌（架空的人設）。例如年齡、職業、性別、居住地區、家庭成員、一天的生活、有什麼煩惱、對什麼事感興趣、使用什麼社群網路等等。

即使用架空的人設設定好條件，現實中也可能根本就沒有這種人。用年齡、性別、職業來將人分類，和時代潮流也是背道而馳。如果是大企業花錢做調查後決定的人設也就算了，個人自行想像的人物誌真的沒有任何意義。

這種做法就像是宅居在家中，想像理想的結婚對象要有菅田將暉的長相，年收入一千五百萬日圓以上，住在東京都內而且不是長子一樣。這種人可能根本就不存在，就算真有這種人，也沒人保證他會對你感興趣。

●目標太有針對性就賣不出去

目標太有針對性，只會減少單純對你感興趣的人。當然我們不必當個萬人迷，但如果一直想把球投進狹窄的好球帶裡，也會降低投進的機率。

決定目標的方法，就是之前提過的，用言語表達「自己傾畢生之力，想成為什麼樣的人的友軍」的方法。

乍看之下大家可能覺得這個方法很籠統曖昧，不過這樣就好。屬性不拘，年齡、性別、職業不限，只要有相同的「煩惱」和「想成為這樣」的想法，就是目標客層。

重要的是實際寫作時，預設一個人為對象比較容易下筆。

自己的事業或傳達訊息的對象可以很廣，但撰寫每篇文章時，假設自己是要寫給某位真實人物看，這樣比較容易下筆。

每次寫作時可以預設不同的對象，例如今天的部落格是寫給甲看的，這頁商品銷售頁是寫給乙看的……

每一篇文章都預設一位真實人物為對象，更容易下筆。要傳達給那個人，怎麼寫比較容易讓他懂？要對那個人說，用什麼順序說比較好？只要照這個原則去寫即可。

自己想成為誰的友軍？

顧客想要的不是商品／服務，而是以下其中之一：

消除不 （不安、不滿、不便）	強化自己的 興趣、關心

無法傳達訊息的人之三大通病

舉例來說，新創公司的經營者在Twitter上的發言，總讓人覺得似曾相識，以媽媽為教練（Coaching）對象的人，在Ameba部落格（日本規模最大的社交網站）上發表的文章，每篇看來都像是複製再貼上。

這個職業就必須要這麼寫、在這個媒體這麼寫就會得到好反應，注意到這一點當然很重要，但只注意到這一點的話，文章很容易被埋沒。

聽他們說的時候，覺得每個人都有「自己才有的熱情」或「其他人沒有的經驗」，但真要傳達訊息時，每個人寫出來的文章卻都不痛不癢。

只寫得出不痛不癢的文字，或因為害怕傳達訊息而無法或停止傳達訊息的人，可分為三種：

❶「我有資格寫這種事嗎？」的通病；

❷必須寫出正確解答的症候群；

❸專家的小世界。

❶「我有資格寫這種事嗎？」的通病

剛開始傳達訊息的人通常都有這種想法，也就是「高手那麼多，像我這種人來寫這種事，別人會怎麼看我？」的心情。

業界高手也在傳達訊息，真的還有我可以寫的事嗎？

是不是要等我更有名、更有知識、更有自信時，再來傳達訊息比較好？

我很能理解這種心情。當我決定提筆撰寫第一本著作《好文案決定你的商品賣不賣》時，我也深深為這種不安的心情所苦。出書的文案作家都是知名廣告公司出身，拿遍國內外大獎的人。而我不但像被炒魷魚一樣，離開了一家不知名的製作公司，也不曾得過任何獎項。這樣的我真的有資格出書嗎？還狂妄地以教科書為書名？我當時也很畏縮不前，向編輯坦白了自己的這種想法。我一輩子都不會忘記當時編輯對我說的話：

「樵小姐能寫出只有妳才能寫出的內容。妳不需要去和做大事的人比較，請把妳每天面對自營業者和自己開店的人，傳達給他們的事，直接寫出來就好。有些事只有身處第一線的人才寫得出來。」

這是真的。來我的講座或研討會聽講的人，大概也不知道什麼是「坎城創意獎」吧。對他們來說，重要的不是做過哪家大公司的廣告，而是會教他們寫他們需要的文案和文章。我覺得編輯說的很有道理，所以我也慢慢地不再去和那些比自己厲害的人比較。

◆展露出不完美的自己是有意義的

這個世界上沒有完人，這是當然的事。傳達人格並不是要你成為完人。展露出自己內在有稜有角的部分、弱點、不擅長的事，可以讓你更有魅力。完人只可遠觀，有弱點的人才更迷人。

企業也一樣。與其站在企業的立場完美地傳達訊息，讓人看到窗口等「內部人士」或老板的弱點或不行的部分，這樣的訊息更有人味。

等到我會〇〇之後再來傳達訊息、等到我更有自信之後……抱著這種想法，幾十年來都只在學習的人很多。只有輸入沒有輸出的人不會成長。有了輸出的場所再來輸入，學習的腳步自然加快。而且剛開始傳達訊息時，會看的人沒有你想像的多，所以還很笨拙的時候就開始傳達訊息比較好。

◆站在什麼立場寫

因為是新手，什麼都不會寫。才沒有這種事呢！

剛開始學的人，只要把自己當成初學者來寫即可。

初學者有初學者的優勢。因為初學者能寫出業界老鳥寫不出來的東西。每個人都有「第一次的經驗」，但當時的真實心情也只有那個時候才寫得出來。業界大老幾十年前的經驗，也不適用於現在。只要寫出現在是初學者才能寫出的心情、現在最真實的事情，一定會有人感興趣的。

決定好為誰而寫後，接著就要決定站在什麼立場寫。也就是讀者和自己的關係。

例如是要站在專家的立場，用老師的身分教讀者（先後關係），或是站在比讀者走得更久一點的前輩立場（斜前方的關係），又或是一起努力的同志立場（橫向關係）。

要增加粉絲人數，也可以讓大家看到自己持續挑戰的部分，成為「被加油打氣的立場」。業界老大只有一人能當，但沒必要所有人都以成為老大為目標。

並不是歌唱得好就可以當人氣歌星，有時讓人想「為他加油」，靠的是歌唱實力以外的要素，這就是人格。看得到一個人純真的部分或有一點小缺點的部分，比較容易引起他人共鳴。因為不完美而讓人喜愛，一百分滿分的人，也不需要自己特地為他加油打氣。

❷ 必須寫出正確解答的症候群

既然要傳達訊息，就必須傳達正確內容，不可以傳達錯誤訊息。從某個角度來看，這種想法沒有錯，但從其他角度來看，也可說是錯誤想法。

如果是醫療和健康相關訊息、新聞等，正確傳達內容很重要。故意散發假消息，或是斷章取義寫出驚悚報導等，根本不在我們的討論範圍內。

可是如果老想著「必須傳達正確的事」，你永遠無法傳達任何內容。

什麼是「正確的事」？

何謂「事實」？

我以為不論什麼事，「都不過是在現在、這個瞬間被認為正確而已」。不論是歷史、科學、政治、數學，在新發現出爐的那一瞬間，可能就會顛覆過去的正確解答。

經常有人說「要把事實和解釋分開來想」，但現在自己看到的所謂「事實」，嚴格來說其實是經過自己這片濾鏡後所看到的事實，當中其實也加入了很多解釋。

那麼該怎麼辦才好呢？

重要的是「把自己的意見當成自己的意見來寫」。

不要把自己的意見寫得好像是常識一樣。

我這麼想。這是我的意見。我的想法是～。寫作時就像這樣，明確寫出主語吧。

很多教寫作的書籍都會提到「不要寫我覺得」，那是因為如果所有句子的開始都是「我覺得」，整篇文章看起來會很幼稚。如果擔心通篇都是「我覺得」，那換個寫法就好。

我以為、這是我的意見、我相信、我期待等等。

專業的散文作家所寫的文章，有時也常出現「我也會這麼想～」的寫法。

無論如何，自己的意見就要當成自己的意見來寫，這一點很重要。

正因為日語是不用主語也能傳達的語言，所以大家更要養成加上主語的習慣。否則連自己都會搞不清楚這到底是事實、是自己的意見，還是某人的意見。

即使自以為是自己的意見，其實不過是寫出「大家」、「社會上的人」、「公司」、「先生」等第三者的意見，這也是很常見的事。

要傳達訊息時，重點就是要用第一人稱去寫文章。

這是我自己的意見。這不過是我的想法。只要能明確地寫出這一點，讀者的焦點就不會集中在訊息正不正確上。我再重申一次，我的意思並不是說可以散發錯誤資訊。寫作時要分清楚事實和意見，事實的部分必須確認是否正確，但自己的意見就沒有所謂的對錯了。

另外一個重點就是**「只傳達正確的事也無法打動人心」**。例如像報告或會議紀錄等商業文書，「目標就是傳達正確內容」。新聞報導應該也一樣吧。但是如果想「寫出能打動人心的文章」、「透過傳達訊息，讓讀者對自己或自家公司更感興趣」的話，目標就不是「正確傳達」了。因為光是傳達正確內容，無法左右對方的心。光說明商品和服務，絕對無法打動人心。

◆一切都是「過程」，主張可以是「假設」

PDCA一直被認為是商業活動的重要要素，也就是假設（計畫）、執行、驗證、改善的循環。而我覺得在寫作時，「假設」的想法也很重要。我這麼說的意思就是，不論是在事業或人生上，自己的想法＝主張可以是「假設」。

寫文章時常有人說「要從結論開始寫」，或「要有明確的主張」。結果很多人因為沒有主張又做不出結論，遲遲無法動筆。

可是**任何主張都不過是「現在、目前、這個時間點所想的事」而已**。這麼一想，要寫出主張或結論好像就沒有那麼可怕了。

有人可能會覺得這樣不行，因為自己可是要以公司的立場傳達訊息，主張變來變去是要不得的事。可是現在這個時代計畫趕不上變化。就像半年前根本沒人預期到新冠疫情的影響一樣，難以預料的事總是突然由天而降。這種時候如果受限在自己寫過的事、過去的自己說過的話，就會動彈不得。

在完美不存在的前提下，抱著「現在不過是中途」的意識，寫下現在這個時間點自己的主張。這麼一來就像是爬螺旋梯一樣，就算有遲疑，轉著轉著也就慢慢向上了。看起來雖然一下子往東一下子往西，其實都未離開中心主軸。

大家常說「要有不偏不倚的主軸」、「要有自己的軸心」，可是如果冒然決定「這就是我的主軸」，成長是不是會就此停擺呢？建立假設然後行動，有時成功有時失敗，等到發現時，在中心的東西就是自己的主軸。

雖然我做了「用言語表達自己的使命」的作業，但這項作業也不是做一次就結束了。因為每次做都會有新發現。

即使如此，用言語表達「目前現階段的主張」還是很有意義。因為不寫成文字，就看不到自己前進的方向，也無法傳達給對方知道。

用言語表達自己目前現階段的想法，然後以此為主張開始執行。根據執行中的新發現，再精修內容並轉化為行動。用言語表達後起而行，在某個瞬間就會遇上覺得「心領神會」，心情舒爽的那一瞬間。在找到那種心情之前，就算覺得「無法順利用言語表達」，也要有耐心地持續重複用言語表達並執行、驗證的過程。

文字、傳達訊息也是一樣，在轉動ＰＤＣＡ的同時慢慢建立即可。

◆文章是讀者的東西

另外一個潛藏在「必須寫出正確解答」想法背後的問題，就是「我要寫的明明不是那個意思」。

傳達訊息後有時會收到意料之外的反應，或許有時候還會在完全沒想到的地方惹怒對方，甚至傷害對方。

重要的是要想開一點，知道「文章是讀者的東西」。文章在離開作者手中的那一剎那，就已經變成讀者的東西了。讀者如何解釋，那是讀者的自由。作者無法干預讀者如何解釋，強調「我要寫的明明不是那個意思」，只會讓事情變得複雜。

小學國文課堂上，老師常問學生「當時作者是用什麼心情寫出這篇文章的？」其實我覺得與其去想作者的意圖，去思考人物角色的心情更能加強讀解力。不管什麼事，對方如何解釋才是重點。站在讀者立場，作家是用什麼意圖寫作，跟自己沒有關係。

想到這裡你會不會覺得更寫不出東西來了？其實不會的。

不管收到什麼反應，只要用「原來也有人這麼解釋啊～」的態度去面對即可。**每個人都有不同的價值觀，我沒必要去配合你的價值觀，同理可證，你也沒必要來迎合我的價值觀。**

爭論「我要寫的明明不是那個意思！」也不會有任何結果。我的意見是不用去反對讀者意見，而是「參考讀者意見，反映在下次的文章中即可」。社群網路和部落格等收到讀者「評論」時，就活用在下次的文章中。就算看到「不是這樣吧？」、「這裡不是很奇怪嗎？」的評論，也不要馬上覺得這是故意反對我、否定我的評論，而是虛心接受「原來也會有這種觀點啊」，然後把自己想回覆評論的內容，做為下次發文的題材。會話也好文章也罷，被對方質疑時，反而常能發現自己真正想說的內容。

社群網路是交流的地方。自己回覆評論的意見，就是下次發文的題材。可以這麼想的人，當自己傳達的訊息收到否定意見，也會覺得「太幸運了！又多了一個題材」（不過如果是針對人格的誹謗中傷，那當然要嚴正以對）。

在這個過程中，只要有能和自己的價值觀與世界觀共鳴的人追蹤自己的發文，支持自己，忠誠粉絲就會越來越多。所以我才說勉強衝追蹤者人數是無意義的做法。

❸ 專家的小世界

有些人待在一個領域工作久了，就算資歷並不是特別深，也會因為長期學習，發文內容越來越特殊。

我一定要寫些沒人知道的艱深內容。

同業都在寫的內容，我寫了也沒意義。

寫初階的內容，別人會認為我的程度很低。

因為有這種想法，所以可能會苦於沒有題材，或是雖然發了文卻得不到結果。

你希望同業來看你的文章嗎？

如果你的目標客層是同業，那也就算了。如果不是，擔心不是目標客層的人怎麼想也沒有用。在你擔心同業眼光的同時，你的發文離讀者想知道的內容就越來越遠了。

你應該寫的不是艱深的知識，而是讀者想知道的內容。

讀者想知道的不是沒人知道的艱深知識，而是「自己知道的內容＋α」。

那麼寫些什麼才好呢？

有人會去問自己的顧客。可是社群網路也是一個認識還不認識自己的人的場所。「初次見面時，對方會問什麼？」就是一個參考基準。

例如初次見面自我介紹談到自己的工作時，對方的單純疑問如：

「那是指〇〇嗎？」

「欸，〇〇要怎麼做呢？」

「希望你教我關於〇〇的事。」

等等，就是讀者想知道的事。

對於初次見面的人這種單純的疑問，如果只是說「不是的，我的工作不是那樣的」、「那和我想做的事沒有關係哦」，就永遠無法了解讀者的心情（像是「諮商和教練不同！」或是「整理和打掃不同啊」等等。**站在對方的立場，這些都不重要。對方想知道的是「對我有什麼好處」，至於你的堅持，對方絲毫不感興趣**）。

讀者就是這麼單純的對象，所以讀者的提問就算和自己想做的事不同，也要先針對讀者的提問回答後，再說明自己正在做的事即可。

不這麼做，只是一個勁兒自說自話，就無法掌握讀者的心情。自己「想傳達這件事」的想法，常常和讀者想知道的事有所偏差。所以重要的是要把對方想知道什麼事放在心上。

特別是已經當了專家很久的人、熱心鑽研一件事的人、周遭人都是同業或同領域的人，要特別注意。因為不知不覺中你已經進入了一個小世界，即使外在世界的人給你單純的回饋，你也會因為「那和我想做的事不同」而拒絕接收。這樣實在太可惜了。

不要把世人當成笨蛋，「怎麼連這種事都不知道？」、「你還沒〇〇嗎？」而是要懷疑自己是不是已經變成無法察覺別人心情的可憐人。

因為陷入專家的深淵，不知道地表發生了什麼事。在小世界裡和一樣在小世界裡的人交談，寫著、說著只能在小世界裡傳達的話語，這樣的人永遠無法掌握讀者的心情。

你是不是已經陷入專家的小世界呢？請重新看看自己的發文。

將自己化為內容的事例②

活用技巧解決困擾，建構獨門事業

想取得所謂的民間資格證照，然後賴以維生，可是卻無法順利集客。有這種煩惱的人越來越多了。

例如育兒或整理等生活相關的資格證照，對女性來說相對容易取得，許多人就抱著「可以用在自己的生活中，還可以賴以維生」的想法，取得相關資格證照。雖然被「用自己的步調創業」的訴求打動，而取得資格證照，可是在同業多如牛毛的紅海中，「想活用資格證照創業的人（賣方）」遠多於「想接受服務的人（買方）」，形成奇怪的勢力均衡，這種例子也不少見。

T小姐一邊從事「整理」工作，整理家中和腦海，又活用護理師資格，在照護第一線工作。她想建立一個護理師×整理的獨門事業，而來參加我的講座，可是最後的結果卻出人意料。

T小姐很細心，又很會支援別人，連她自己都覺得與其當將軍，自己更適合做軍師。而且她也擅長電腦作業，會編製資料、設定網頁等。所以最後她建立的事業是「一人社長支援服務」。

這項工作的服務內容舉例如下：

困擾

個人創業家十分忙碌，就算想排定優先順序，自己也很難理清思緒。

⬇線上交談將狀況可視化，區分優先順序和應該由誰去做。

困擾

不會用電腦卻沒人可問，搜尋很花時間。

⬇隨時可在聊天室發問，必要時可代為處理電腦作業。

困擾

準備資料、管理申請、講座上線等很費工夫。

➡一手包辦並代為處理事務性工作。

實際的服務內容會配合顧客需求調整。

T小姐事業順利起步的關鍵，在於不是組合「自己能做的事」供顧客選擇，而是由「顧客的困擾」出發，提供顧客需要的服務。

有人可能會覺得這不是理所當然的事嗎？但大多數人提供的服務內容，卻常常只是「自己能做的事」、「自己想做的事」的組合。但這些並不是顧客想要的。

另外一個重點就是，也不能因為從顧客困擾出發，就對顧客有求必應。顧客或潛在客群其實也不知道自己真正想要的是什麼。所以一聽到顧客説「我希望你這樣做」、「我想要這種服務」就當真，立刻提供服務，通常也不會順利。

顧客説東就往東，説西就往西，那就會變成沒有任何個性的大眾食堂。明明是義式餐廳，卻因為顧客説「我想吃拉麵」，就配合顧客端出拉麵，這樣是不行的。只做符合自己中心思想（能讓什麼樣的人發生什麼樣的變化）的事，詳細內容將在第三章以後説明，總之必須先有中心思想。

第3章

建立自己的說法

對大家用得理所當然的說法存疑

不是想著如何賣出商品／服務，而要用人格雀屏中選，重點就在於言辭中要讓人感受到「態度」。

使用差不多的文字，只能成為差不多的人。

我在講座和研討會上看過許多創業家和業主，讓我不禁覺得**「明明各有熱忱，為什麼每個人寫出來的話都一樣呢？」**嘴上說要差異化、要做自己、要做和別人不同的事，但卻用相同的言辭寫出相同的話。

許多傳達資訊的人，寫出來的文章都是「像那個職業的人寫的」、「在那個媒體上很流行」的文章。

我在Twitter上看到的創業家，很多人寫的內容都一樣；在Ameba部落格看到的教練師或諮商師，我根本分不出他們有什麼不一樣。

陳腔爛調的說法、隨處可見的言辭文字，吸引不了別人的反應。

這種程度的文章讓誰來寫都一樣。

名人的名言之所以有意義，是因為寫的人是名人。松下幸之助的話，因為有他本人的背景才有深度。如果只是引用鈴木一朗的話，任何人都做得到。誰都寫得出來的發文內容，吸引不到粉絲。

借用別人的話，無法傳達自己的人格。

把別人的話原封不動地說出來，或套用範本快速寫出的標語，無法傳達自己的價值。

本章要告訴大家如何擺脫人云亦云，說出「自己的話」。

要用言辭表達自己的想法，只有兩個很簡單的步驟：

❶讓自己心悅誠服；

❷改變為能打動對方的話。

「無法順利用言辭表達想法」的人，問題出在根本還沒釐清自己到底想說什麼，所以無法寫出可以傳達給對方的話。因此先別管能否傳達給對方，先釐清自己內心「想說什麼」吧。

●要釐清想說的事，不是說出來就是寫出來

連自己想傳達什麼都還弄不清楚，就要寫文章，當然什麼都寫不出來。之所以老寫出一樣的話，覺得寫出來的話不是自己想說的話，就是因為還弄不清楚自己內心想說什麼，就急著寫出一篇冠冕堂皇的文章。

每個月的講座和研討會，我要看一百位以上學員的文章，我的感想是「越想寫越寫不出來」。用嘴巴說明明說得很流利，一旦要寫就會變成僵硬的文章用語。講座上我會讓學員設定一個主題後寫作，然後提問。**提問後自己嘴巴說出來的話，就是一開始想寫的事。**

為什麼老用同樣的言辭文字？為什麼思考總是停在相同的地方？有這種煩惱的

人，就先把自己所想的事全部吐出來看看吧。

假設看完電影，要在社群網路上發文稱讚電影。可以立刻振筆疾書的人當然很好，但應該很多人不知道寫什麼才好吧。此時可以先決定「任意一人」，用跟他說話的方式把自己的想法說出來。就算說得七零八落，不知道自己到底想說什麼也沒關係。

然後把自己的話錄下來聽聽看。這麼一來，你會發現自己很常使用某些單字。那就是關於那部電影你想傳達的事。

你只要根據那個單字，去整理你想傳達的事即可（我會在第四章說明如何讓內容更有深度）。

只要說出口，就變成要用你的耳朵去聽原本在你腦海中的話。這麼一來比起在你的腦海中，可以更客觀地聽這些話。我在撰寫本書原稿時，會在擬好大標主題時先說說看。我用影音媒體發布，每次十分鐘說一個主題，然後再邊聽邊撰寫原稿。

除了自己說自己聽以外，請別人聽也可以讓自己更容易用言語表達。上班族時代我常請坐在隔壁的同事，聽聽我想到但還無法順利用言語表達的點子。

聽你說的人最好不是喜歡判斷「這個好」、「這個不行」的人，最好是可以很感興趣地聽你說的人。大家應該有很多機會請了解自己的人、同業聽自己說，但是如果可以，最好請不同業種的人、不太了解自己的人聽，更能提升自己用言語表達的能力。

例如要對在交流會等剛認識的人，傳達自己的活動或工作，該怎麼說？此時如果對方問你「那是什麼樣的事呢？」、「○○是什麼？」一般就表示對方沒聽懂。請務必留下紀錄。

也可以請對方告訴你，你常重複使用的單字，或摘要內容「你要說的是不是這樣？」如果覺得對方的摘要「好像不太對」，就去深入挖掘到底是哪裡不對，這樣就可以越來越接近你真正想說的事。

說著說著，腦袋好像豁然開朗了，我想這是每個人都有過的經驗。**重要的是要把自己說的話記錄下來。對於提問，自己是怎麼回答的？重點就藏在這裡面。**

此外也有人用寫的比用說的更順手。這種人可以打開筆記本，把想到的事都寫出來，只有單字也沒關係。同樣的事一直在腦海中盤旋，是因為在腦海中尚未視覺化。把目前自己腦海中的言辭全部先寫在筆記本上，可視化之後，就會產生新的言辭。

即使是專業的文案作家，也無法一下子就可以用明確的言辭表達自己的想法。**即使覺得「好像有點怪」，也先寫下來，就可以找出進一步的言辭**。如果一直不吐出來，讓這些言辭一直在腦海中盤旋，永遠只能生出一樣的言辭。

●要傳達人格就要跳脫「常見的言辭」

煩惱無法順利達傳自己想說的事的許多人，寫文章時大都直接使用好像在哪兒聽過的話。

以下就是一些例句：

- 要活得像自己。
- 要做喜歡的工作。

- 對身心好。
- **自己和家人都能笑容滿面。**

我並不是說不能寫這些話。如果你真的這麼想，當然可以寫出來。可是這樣寫就和別人完全一樣。在一群寫一樣東西的人當中，你無法成為雀屏中選的那一位。如果要使用常見的話，你必須給這些話一個定義，「我使用那句話是什麼意思」。

例如「健康」這兩個字。

- **人生百年的時代，身心健康很重要。**

這實在是太理所當然了，誰來寫都一樣。自己用健康這兩個字，有什麼用意？怎麼做、變成什麼樣子才叫做健康？這個部分必須有明確的定義，否則你真正想說的話就無法傳達給他人。

可以用自己的話，說明什麼是工作？什麼是顧客？什麼是採用？等和自己相關領域的內容，這種人很強。

假設有經營者說「所謂工作，就是感謝的對價」，也有經營者說「所謂工作，就是挑戰的舞台」。這不是誰對誰錯的問題，單純只是可以看出一個人的重心所在。一般人應會希望支援有相同價值觀的人，也有人希望能在價值觀讓自己憧憬的人身邊工作。

為言辭下一個你自己的定義

說到「用自己的話寫」，有人可能會以為必須自己造一個新詞，或寫些別人沒用過的言辭。其實並非如此。當然這也不是要你造出一個足以被選為流行語大賞的字詞。

言辭就是文字的組合。找出字詞和字詞新的加乘效果，或給現有的言辭自己的定義，這就是所謂的「用自己的話寫」。

雖說「要為言辭下一個你自己的定義」，一下子可能也寫不出來，所以我來提一些問題吧。

首先在圖5正中央寫下自己常用的單詞。

以前面的例子來說就是「健康」。

❶說到底〇〇是什麼？

先查查辭典上那個單詞的意思。就算是自己常用的單詞，也常有不知原義隨便用的狀況。

❷為什麼〇〇很重要？

自己為什麼覺得健康很重要？

經營自己的事業，為什麼說健康很

圖5

①說到底〇〇是什麼？（一般的定義）	②為什麼〇〇很重要？（理由）	③如果可以達成〇〇的話？（達成情境）
④前後的聲音（說詞）	**單詞**	⑤用別的單詞來定義的話？（換個說法）
⑥要分類的話？（分解）	⑦對我來說〇〇是什麼？（一句話或用一行字寫出來＝自己的定義）	

重要？

❸如果可以達成○○的話？

如果可以很健康，會變成什麼狀態？做到什麼才能說是健康？

❹前後的聲音

不健康的人常說的說詞是？變健康的人的說詞是？
用說詞來想，可以想出比概念更為具體的說法。

❺用別的單詞來定義的話？

換別的單詞來說健康，可以怎麼說？

腦海中第一個浮現的單詞是英語的Health，但也要寫下其他的說法。這個時候類語辭典很好用。就算家中沒有辭典，只要上網搜尋「健康　類語」就可以找到。

檢查類語查到的單詞，區分哪個詞接近自己想的意思，哪個詞看起來像但卻不一樣。意識到類似單詞的差異，有助於更清楚地說給別人了解。

❻要分類的話？

把這個單詞分成幾類。分成二、三類應該更容易思考。

例如健康可以分成三類，就像這樣自己分類。

①克己型；

②該怎樣就怎樣型；

③資訊過剩型。

分類沒有對錯，只要照自己的想法分即可。如果有憑有據當然更好。

除了分類外，也可以分步驟。

例如你可以試著為健康寫出五步驟：

STEP1 知道自己身體的現狀。
STEP2 想像想成為什麼樣的身體狀態。
STEP3 寫下每天的餐飲和運動量。
STEP4 從飲食和運動兩方面決定每天可以做的事。
STEP5 每週回顧。

像這樣建立規則或類型，如果可以用言語表達自己的經驗和資訊，就可以用可重現的方法傳達給對方。那就是自己獨家的內容建立方法。我正是用這種方法，想出「寫標語的五大步驟」。

而且寫得像方程式，可以讓人對你要傳達的事更有印象。

例 **健康由運動×飲食決定。**

就像零乘以任何數字還是零，只注重其一也無法變得健康。

❼對我來說〇〇是什麼？

根據自己對這六個問題寫出的答案，寫下自己對健康的定義。

例　所謂健康，就是工作可以順利進展的身體狀態。

這是對的、其他是錯的，才沒有這種事，只不過是這個人如此定義而已。

用這種方式給自己常用的言辭下一個定義，不只可以讓自己想說的事更為明確，也可以擺脫老是和同業一樣的煩惱。與其沒頭沒腦地增加字彙，不如讓自己平常常用的言辭更為明確，找出類語，下一個自己的定義。

①說到底〇〇是什麼？（一般的定義） •身體沒有問題，身心健康。 •和有無疾病有關的身體狀態。	②為什麼〇〇很重要？（理由） 不管是十年後、三十年後，活著時都希望能做自己喜歡的事。	③如果可以達成〇〇的話？（達成情境） •每天可以神清氣爽地起床。 •工作進展順利。
④前後的聲音（說詞） 不知為何總是很吃力。 ↓ 好像無所不能。	**單詞** 健康	⑤用別的單詞來定義的話？（換個說法） 健壯、強壯、硬朗、健全、朝氣蓬勃。
⑥要分類的話？（分解） ①克己型； ②該怎樣就怎樣型； ③資訊過剩型。	⑦對我來說〇〇是什麼？（一句話或用一行字寫出來＝自己的定義） 所謂健康，就是工作可以順利進展的身體狀態。	

再者你也可以根據這張表中寫出來的內容，擬定標語和標題。

標語例

- 所謂健康，就是工作可以順利進展的身體狀態。
- 把「不知為何總是很吃力」變成「好像無所不能！」。
- 不管是十年後、三十年後，活著時都希望能做自己喜歡的事。
- 已經幾年不曾每天神清氣爽地起床了啊！

●先寫出常見表現，再打磨精修

開會時我常採用的方法，就是先決定「常見說法是什麼？」然後再打磨精修。所謂「常見」，指的就是常見的表現。用常見的話決定想說的事，然後再打磨精修成自己的表現。與其一開始就立志用自己的話寫，不如先決定想說的事，這樣才能如實傳達。

在廣告業和顧客開會時，我也會先用「常見說法是什麼？」決定文案方向，然後再打磨出獨家表現。

用常見的話先決定想說的事，然後把該單詞或句子填入圖5的正中央，再找出自己的表現吧。

●改變動詞就能創造出新內容

改變目前正在進行的事業或活動的「動詞」，就會創造出新事業。

以蛋糕店為例，工作就是「做蛋糕」、「賣蛋糕」。改變動詞「做」、「賣」，變成「教做法」、「教銷售方法」，就會產生新服務。受到新冠疫情影響，社會迅速線上化，能順利把服務上線的人或公司，就是可以「改變動詞」的人或公司。

從「做」蛋糕變成「教做法」，這麼一來就可以開線上課程，也可以製作甜點烘焙的影片教材，說不定還可以銷售在家輕鬆做蛋糕的「蛋糕製作材料包」等。

當然也可以針對特殊族群推出服務，如一般人、小學生等兒童、親子、男性，或者是為「專業人士」，如以甜點師傅為目標的人、經營蛋糕店的人，推出銷售手冊等。將「做」、「賣」的動詞改成「教做法」、「教銷售方法」，客層也改變成「一般人」、「兒童」、「親子」、「目標成為專業人士的人」、「專業人士」，就可以找到幾塊拼圖。

改變自己正在做或想做的事的動詞，會出現多少可能性呢？想想這一點其實也很有趣。

寫出容易理解的話之三大來回運動

❶具體與抽象的來回

當你說的話很難懂時，對方會要求你「請說具體一點」，或表示「你說的太抽象了，很難懂」。

一般來說，多數人的認知是「具體＝易懂」，「抽象＝難懂」。

所以所有事情都具體化就可以了嗎？其實也不是這樣。

因為寫得具體雖然好懂，卻無法掌握全貌。我想很多人都有這種經驗，因對方要求「說具體一點」而照做了，卻只有那個部分被理解，覺得「其實這根本不是我真正想說的話」、「那明明不過是其中一例而已」吧。在講座中如果有學員說出很難懂的話，我也會問他「具體來說是怎麼回事呢？」但說到是不是把那個具體例子寫出來就好？他會說那只是一部分，並不是整體，無法呈現所有他想說的事。或許每個人都面臨過這種矛盾。

說到底，什麼是具體，什麼又是抽象呢？

我給這兩個詞的定義如下：

- 具體＝肉眼可見的個別事件。
- 抽象＝肉眼不可見的本質、概念。

寫文章、深入思考時，在具體和抽象之間來回很重要。

首先寫出具體的事件，然後提高抽象程度思考，再次具體化。這麼一來就會出現不同於最初的具體事件的新字詞。

以設定減重課程為例：

首先「具體地」寫出目標客層的煩惱（①具體化）。

- 減重無法堅持下去。

- 體重雖然減輕，體型卻不變。
- 一直想著要忍耐，結果反而吃更多。
- 體重雖然減輕，卻立刻復胖。

俯瞰這些看起來七零八落的煩惱，「換言之是怎麼回事？」、「簡單來說他們到底在煩惱什麼？」就可以看出共通點（②抽象化）。

共通點就是「不知道持續忍耐的方法」。

這樣經過抽象化的結果，再乘上其他東西，就會引發新創意。

例如思考有沒有其他「不用忍耐也可以做」的事。如果是玩遊戲，不用忍耐也可以玩，或者是看YouTube也不需要忍耐等等。找到這種事後，再思考用這種事乘

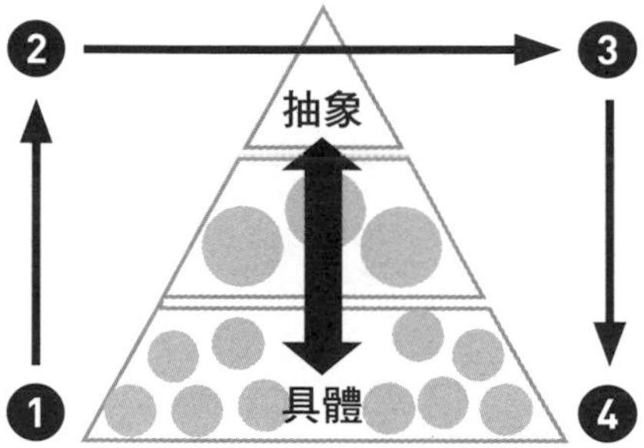

❶ 寫下每一個事件；

❷ 將木質抽象化；

❸ 乘上其他東西（經驗、知識、其他領域的東西等）；

❹ 落實為可重現的方法。

抽象化	本質	To Be	換言之？簡單來說？共通點是？
具體化	本質	To Do	例如？具體來說？

上減重，可以做些什麼（③抽象化）。

- 可以像遊戲一樣對戰的減重課程如何？
- 讓你喜歡的YouTuber每天看你走幾步來稱讚你如何？

最後再把這些創意落實到具體的To Do，課程就完成了（④具體化）。

這種「抽象和具體的來回運動」，也適用在整理自己的資歷上。

例如社會上普遍公認職業運動選手退休後很難找到第二春，因為他們從小就只專注在運動上。其實只要提高抽象程度去思考，就可以看到可用的技巧。

例 職業足球選手

可以靠足球做些什麼、達成什麼？老從這個角度去想，只能想到和足球相關、運動相關的工作。不過如果提高抽象程度，從「決定目標並達成的能力」、「凝聚團隊的心，持續維持高昂士氣的能力」、「讓別人參與支援的能力」等角度去思考，可以活躍的業界、業種自然更廣。

業務、宣傳公關等工作，應該很多公司需要有「目標達成力」、「凝聚團隊的能力」、「讓別人參與的能力」的人材吧。只要突顯出自己有這種能力，機會自然增加。面試時也可以具體說明自己做過的事，以及在這家公司可以如何活用這些經驗。

再進一步來說，具體和抽象的運動，也適用在決定自己的生存方式時。

舉例來說，沒有人一開始就說得清楚「我想活成什麼樣子」這種極為遠大的主題。

這種時候先要找出自己「憧憬的人」、「自己想接近那個人的樣子」，然後分解並具體地寫出自己被那個人吸引的點。

例如如果是因為他很酷而感到憧憬，那麼他是哪裡酷，又是如何酷的呢？他做什麼的時候很酷呢？像這樣把「很酷」這個字再細分下去（①具體化）。

他做事的方法很酷，他穿著打扮很酷，他說話的方式很酷，他的生活方式很酷等等，應該有很多要素。除了很酷以外還有什麼呢？如果覺得他「很有行動力」，那就再把「行動力」細分下去。

接著把你寫下來的具體事例抽象化。他是什麼樣的人呢？就算無法簡潔扼要地說明這一點也無妨。例如只要說得出「他說什麼就做什麼，不會說一套做一套，而且勇於挑戰新事物」，這樣就可以了（②抽象化）。

然後再用自己的話，去想想自己想過什麼樣的生活。

想到什麼就寫什麼，如「希望成為不畏失敗勇於挑戰，好壞都不怕人看的人」、「希望成為比自己年輕的人憧憬的對象」等等（③抽象化）。

最後再把這些內容具體化，落實到To Do中。

如果把自己最終想成為的樣貌，定義為「年輕一代會憧憬的人」，那就寫下為了走到這個終點，現在開始可以做的事（④具體化）。

以下就是一些例子：

- 工作上有新挑戰時，也發文傳達花絮。
- 找機會和平常工作不會接觸的世代交流。
- 停止吃便利超商的食物，一天自己煮一餐。

寫下現在開始可以做的事，就可以成為起而行的人。

❷和對立意見的來回（加入否定意見的文章更有說服力）

要寫出容易理解的話，第二個來回運動就是和對立意見的來回。

要表達意見時，先預想並寫下反對意見。用我早知有人會這麼想的態度寫作，可以增加說服力。

例文

鍛鍊身體並不表示一定會健康。

因為有人越鍛鍊，身體越不健康。例如半夜不睡覺，到二十四小時營業的健身房去跑步，或喝蛋白飲卻不注重飲食，這樣做真的會健康嗎？

當然也有人覺得訓練後流汗很健康。

可是健身房等的訓練或運動，只會用到身體的一部分，那並不等於健康。

日常生活中也可以鍛鍊身體。勉強自己去做做不到的事只會形成壓力，不如好好地做好做得到的事。這麼一來一定可以變得健康。

事先加入「也有人覺得訓練後會流汗，所以很健康」的反對意見，然後反駁反對意見，說服力因此增加。讀者也會針對反駁的部分產生共鳴，如「啊，我也這麼想」、「那就是我最在意的部分啊」。

預想的反對意見就是讀者可能會有的吐槽，如「這樣說不對吧？」、「也有這種事啊？」

而主張則是「自己想說的事」。主張不分對錯，正確與否的解釋會因人而異。

自己的想法就寫成自己的想法。而且要放寬心，不要去在意對方如何接受。並且事先預想可能會有的反對意見，做好反駁的準備。自己一個人可能很難想到別人會如何反對，所以可以告訴其他人自己的主張，從其他人那裡得到回饋，或想想自己這麼說時，常被人問到的問題。

以和世上大多數人相反的想法為主張，也是寫出強有力文章的方法之一。在預想會被吐槽的部分，寫出世上大多數人的想法，並寫出完全相反的想法做為自己的主張，可以突顯出自己的主張。

此外「和對立意見的來回」手法，也可應用在商品/服務的介紹文案中。

例文

這是只用天然的國產食材製成的香鬆，極為順口，每天吃也不會膩。也可以撒在吐司上和美乃滋與起司一起烤，或加在炸蝦的麵衣中，都有另一種風味。

可能有人擔心只用天然食材，好像少了些什麼？味道會不會太淡薄？所以我們特別加入乾香菇提味，不使用化學調味料，卻帶來驚人的濃郁風味。不放心小孩子吃市售香鬆，或每天都希望吃得健康的人，請務必嘗試看看。

「只用天然食材，好像少了些什麼？」、「味道會不會太淡薄？」加入這種反對意見、吐槽，可以引起讀者共鳴「這就是我在意的地方」，成為更有說服力的文章。事先寫出讀者可能感到不安的地方，讓讀者覺得作者連這種地方都考慮到了，有助於加強讀者的信賴。

如果有反對自己的文章或商品／服務的意見，會是什麼樣的意見呢？什麼地方會被吐槽呢？這個主張會有什麼樣的反對意見呢？事先思考這些問題並找出答案，不但有助於進一步釐清自己的意見，也更容易讓對方信服。

寫企劃書或提案書時也可以用這種方法。針對提案內容事先預測對方可能感到不安的部分，並準備好答案。這麼做有助於讓對方放心、信賴，覺得「他很了解我們」、「他看事情看得很廣」。

❸ 和另一個自己來回（後設認知文章術）

最後則是和另一個自己的來回。

妙筆生花的人就是「可以俯瞰自己的人」，就像是有另一個自己從天花板看著自己一樣。在正在實行某件事的自己腦海中，有「另一個自己」在工

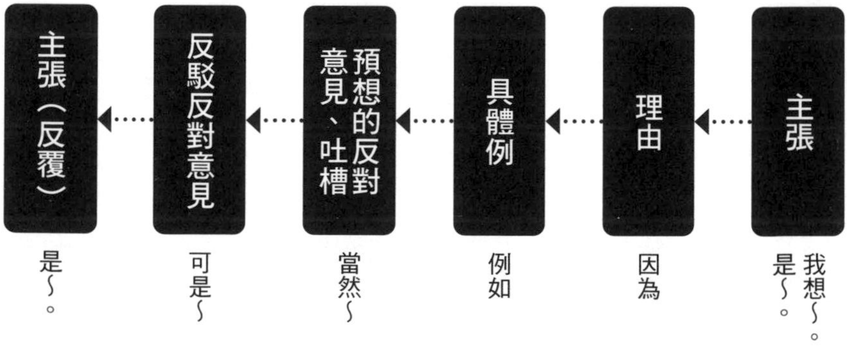

作，這稱為後設認知（Metacognition）。我要說的就是類似這樣的感覺。

在腦海中一邊讓另一個自己和正在寫文章的自己對話，一邊寫作。另一個自己其實就是讀者。寫的時候好像在和那個人說話一樣，這樣會淡化「寫」的意識，用說話的方式去寫。「嗯，嗯」、「原來如此」好像隨聲附和般地寫，心情會很好，如果適時插話「然後呢？」、「結果怎麼了？」更容易展開話題。另一個自己和作家的自己不同，對於那件事可能並不知道詳情，或是沒有興趣。寫作時經常去思考如何說、怎麼說，才能讓這樣的人了解，有助於減少自己的主觀性，寫出客觀易懂的文章。

然後寫完後，讓另一個自己吐槽：

「你裝什麼酷啊？」、「這樣你真的懂了嗎？」、「不是，那不是你的話嗎？」、「大家都不知道那個詞哦」、「沒有那種人吧」、「我是不知道啦」。

像這樣針對自己主觀寫的文章，用另一個自己的眼光審視，客觀吐槽。習慣之後可以邊寫邊做，但習慣前最好先放空一段時間再做，例如去上個廁所、吃個飯、睡個覺再來。沒時間時就印出來看，也可以換個裝置來做，如用電腦寫作就用手機看，用手機寫作就用平板看等等。換個看法更容易站在客觀的立場。

許多人寫文章因為太過於主觀，很難了解他到底想說些什麼。所以必須從另外一個自己的角度，客觀地吐槽。

把自己想傳達的事轉換成對方想要的事

原則上人們只會對自己有興趣的事感興趣。這聽起來很理所當然，可是真要提筆寫的時候，很多人就忘了這個原則的存在。對方要的是「和自己有關的事」，特別是「對自己有好處的事」。除此之外的資訊，都會埋沒在資訊洪流中。

所以作家必須把「自己想說的事」轉換成「對方想知道的事」。不經這種轉換，只是自顧自地寫自己想傳達的事，就無法讓對方了解。

不論素材再怎麼棒，沒煮過的生肉就是不能吃，必須把素材調理成對方能吃的狀態。可是社會上卻充斥著許多文章，就像跳過了烹調過程，只撒上香料。

明明是商店的官網，用字遣詞卻像是事業計畫書的複製貼上。我覺得這樣寫文章的人很多。在餐廳官網上寫「提供顧客滿意度高的服務」，站在顧客的立場大概只會覺得「？」。顧客想知道的是為了讓自己滿意，店家會做什麼？人們想知道自己會有的變化。

把自己想說的事轉換成對方想要的事，有兩個步驟：

❶對對方有什麼好處（優點Merit＝效果）；

❷因此對方的未來會有什麼變化（利益Benefit＝未來的幸福場景）。

優點指的就是「變化」，也就是「有這種煩惱的人，可以變成這樣」的變化。人們想知道的是變

化，也就是自己會變成什麼樣子。

可是許多人談的不是變化，而是「方法」。應該傳達的是「前後的變化」，而不是「要怎麼做」的方法。不論要傳達的是商品／服務還是自己的事業，這一點都是最重要的大前提。

最容易懂的例子就是RIZAP（私人健身中心）的電視廣告。廣告中傳達的是變化，如「肥胖的人會瘦得很漂亮」、「臃腫的人會變得結實」，完全不提方法。

RIZAP用的方法，聽說是一對一的訓練課程和限制醣質的飲食管理。但廣告中對此隻字不提。「方法」只要事後再向對「變化」感興趣的人說明就好了。

因為這樣的變化而看到的世界就是「利益」。例如瘦下來之後會有如何美好的世界在等著你、迷人的異性會為了你回頭、可以再次穿上原本已經放棄的緊身洋裝、穿著高級西裝帥度破表、周遭的人用尊敬的眼神看你等等。具體描繪這樣的「場景」，會觸動一個人「我也想變成那樣」的情感。

自己想說的事

○○GB記憶體、CPU○○○○的高規格筆記型電腦。

對對方有什麼好處（優點）※可保證的事

「你對於到目前為止的電腦，有什麼困擾嗎？（煩惱）」
「想用在什麼地方？（理想）」

- 可解決編輯影片要很久的問題。
- 輕巧易攜帶，可減少行李。
- 長時間的線上會議也可以運行順暢。

可讓對方的生活（人生）如何變好（利益）
※不保證也無妨

「用了之後，最好可以得到什麼樣的生活？」

- 不論在家中或在咖啡廳，都可以流暢地編輯影片，並直接上傳社群網路。
- 隨時都可塞入包包裡，每次拿出來時都有人稱讚「好酷」。

●許多人不寫場景只寫「概念」

假設有一項整理的服務，

「可改善環境」是概念；

「小孩睡了之後，可以舒適地躺在沙發上放鬆」則是場景。

寫出乍看之下，會讓人腦海中浮現畫面或影像的文字，就是寫作的關鍵所在。

再舉一個例子吧。假設要教大家「在大眾面前說話的發聲方式」。光說「要用腹式呼吸」、「重點就是發聲時，要像拋物線一樣把聲音放出來」，大家應該還是不懂。

其實這些話大家早就不知在哪兒聽過了，就是因為做不到才煩惱。

這種時候可以告訴大家「說話時就看著會場後方的『緊急出口』燈號吧」，這樣大家就會懂了。再加上一句「這麼做視線自然會向上，就可以從肚子發聲」，自然可以說服大家。

不知不覺中我們常只會寫出概念，然而寫些「對方無法想像的文字」，也無法讓對方了解。

●想不出畫面或影像＝對方還是不了解

這和前面提過的抽象化、具體化手法也有關係。只有概念的言辭無法讓對方了解，對方必須自己用頭腦思考，消化為具體場景才行，所以要花點時間才能了解。而且在化為具體場景時，因為每個人想像的畫面可能不同，所以也可能理解錯誤。

可愛的女孩。

你想像的是什麼樣的女孩呢？

有人想到的是五歲小女孩，也有人想到十八歲的清純派偶像，甚至是卡通人物。每個人描繪的畫面都不同＝有傳沒有到。

寬敞的房子。

這也是定義因人而異的文字。有人可能想到像宮殿的房子，有人想的是三房兩廳的公寓，還有人想到庭院很大的小房子。因為幾個人要住、過去住在什麼樣的房子等因素，讓每個人心中的「寬敞」有各種不同的定義。

可愛、寬敞都是概念。把概念寫成可以讓人具體聯想到畫面的文字，才能深入人心而非頭腦，成為有速度感的文字。

●練習將眼睛看到的東西用文字視覺化

說到如何才能寫出場景，有效的方法就是「練習描寫眼前的東西給沒看到的人了解」。

假設眼前有個馬克杯。

這是一個很漂亮的北歐馬克杯。

這樣寫對方會了解嗎？漂亮、美麗等也是常用說法，但怎樣才叫漂亮？這種感覺因人而異，無法視覺化。

以下就是視覺化的寫作例子：

這是白底且造型圓潤的陶製馬克杯。握把大小剛好可以伸入兩根手指，不會覺得很擠，而且線條細緻。下半部用深藍色畫出樹和鳥的突起圖案，讓人愛不釋手。拿起來時略顯沉重，用來喝咖啡、紅茶，甚至是綠茶都很合適。

寫下肉眼所見、五感所感，讓不在現場的人也容易想像，就好像是廣播電台的實況轉播。不知大家有沒有聽過廣播電台轉播棒球比賽？

投手瞄了一壘一眼後出手了。是內角偏高的壞球。捕手○○匆匆忙忙地走上投手丘。這是什麼狀況呢？臉上雖然看不出觸身球的影響，但剛剛投手○○已經摸左肩好幾次了。

廣播電台的實況轉播因為沒有視覺資訊，只能用言語補足。同理可證，讀文章就可以讓人腦海中浮現畫面，就是用文字補足了視覺資訊。

視覺化的練習可以讓你在描繪利益場景時，更容易找到可用的文字。

據說影像可傳達的資訊量，是文字的五千倍，還有人說是一萬倍。光靠文字要傳達和影像一樣的資訊量真的很難。所以分辨出「可以傳達什麼」、「不能傳達什麼」很重要。不要像寫流水帳一樣，大小事都交代，應該把對方想要的資訊影像化後傳達。

因此重點就是用對方可以理解的文字，寫出對方想知道的事。

例如對方是聽到北歐花樣就可以想像影像的人嗎？

對方知道陶器這個字嗎？

對方原本就對馬克杯或餐具有興趣嗎？

寫出什麼樣的文字對方可以了解？對方對什麼感興趣？換言之不知道「對方的前提」，也就無法視覺化。不知道對方「想要什麼」，自然不知道該說什麼才好。

打動人心的文章，基本原則就是要依照對方想知道的順序，寫出對方想知道的事。因此如果不知道對方是誰，就無法寫。

由此可知，明確定義出「寫給誰看？」是寫作的重要關鍵。

●那是目的還是手段？

假設有一位女性「想整理房間」，整理房間到底是目的還是手段？

「為什麼想整理？」

「整理房間後想變成什麼樣子？」

提出這些問題後，會得到很多種答案，如：

「希望能縮短做家事的時間。」

「希望能在家裡開沙龍或講座。」

「希望小孩和丈夫能在家裡好好放鬆。」

這麼一來，為了達成「希望能縮短做家事的時間」、「希望能在家裡開沙龍或講座」、「希望小孩和丈夫能在家裡好好放鬆」的目的，除了整理以外，或許也有其他手段。

比起「手段」，「目的」更能深入了解對方的煩惱。而自己在思考「自己想拯救什麼樣的人？」、「自己想幫上什麼樣的人的忙？」時，只要能用「目的」而非

「手段」來決定目標，目標自然就不會侷限在小範圍裡。

換言之，如果你提供的是整理服務，傳達訊息的目標對象就不光是想整理的人，還包含「想縮短做家事時間的人」。

如此就可以針對還沒有「現在立刻想整理」想法的人（還沒發現自己需求的人），傳達有整理這個選項的訊息。

想整理的人有各式各樣的目的，至於你「要以什麼目的的人為自己的目標客層」，則可以透過發掘自己的人生找到線索。

將自己化為內容的事例③

擺脫下包的身分，用自己決定的價格推銷自己

設計師、撰稿人、插畫家等販賣創意的自由業者，可以用社群網路為武器，製作自己的內容並推銷自己。許多創意人員不論是獨立接案或經營副業，都會透過群眾外包（crowdsourcing）接案。如果事業剛起步，這種做法很合適，但我不建議一直這麼做。理由有二，一是只有一個案源，收入很快就會碰上瓶頸（原本低單價的委託案就很多，要搶高單價案件又必須比稿，很多人因此疲累不堪）；二是因為工作可能因為平台狀況，一夕歸零。

最理想的狀態是不依賴群眾外包，「工作直接找上門」，而且「來的是可以自行決定價格，而非只能接受對方價格的工作委託」。

A是上班族，他同時透過群眾外包接案幫人撰稿，一篇文章收入數百到數千日

圓。因為客戶評價會影響自己的等級，所以他為了寫出好文章，要調查資料，仔細推敲，花了許多時間。即使投入所有可從事副業的時間，每個月也不過賺個數萬日圓。而且合約規定他不能和透過群眾外包平台認識的企業直接往來。

所以A後來決定自己架官網，並條列出自己能提供的服務和收費，可是架好後也乏人問津。最後他換個角度想，先建立「自己能讓什麼樣的人發生什麼樣的變化呢？」的概念。

A是四十多歲的男性，正職是一位經理人，率領七～八位成員的團隊。所以他針對新手經理人與率領團隊的人，在自己的部落格上發表管理祕訣。不是知名創業家或經營者談的經營管理，而是自己身在第一線的管理經驗，大受好評之後，終於有B2B（企業對企業的商業模式）企業來委託他撰稿。

他終於可以用自己設定的金額接案，之後甚至跨出撰稿領域，和企業簽訂年約，成為企業的公關宣傳幫手。

第4章

將所有的日常瑣事化為內容

人們會沉迷在主人翁成長的故事中

在「如何能和顧客產生連結」比「怎麼做才會賣」重要的時代，傳達的內容也與過去不同。只強調商品／服務很好，無法持續暢銷。為了增加追蹤者人數而製作爆紅的內容，如果只是曇花一現，也不會得到顧客信任。

這裡要告訴大家，為了成為「持續長久暢銷的人」，要傳達什麼訊息才好。

不論是電影、連續劇、小說或遊戲，受歡迎的都是「主人翁成長的故事」。也就是主人翁戰勝逆境，在過程中找到使命，和各種人相遇並成長茁壯的故事。有趣的小說不論主題是推理或戀愛，對主人翁都很殘忍。稀鬆平常的主人翁故事無法打動人心。角色扮演遊戲也一樣，在各式各樣的試煉中打倒敵人並升級，最後打敗大魔王，這樣才能讓玩家有成就感。

傳達一流專業人士生活態度的電視節目《行家本色》（プロフェッショナル仕事の流儀）或《情熱大陸》很受歡迎，應該也是因為比起一帆風順的人，滿懷煩惱與糾葛的生活方式，更能引起觀眾共鳴吧。

我認為在網路上傳達訊息也是一樣的道理。

我依稀聽到有人說「人生沒有那麼戲劇化」，當然特別的事件或情境並不是必要條件，有時反倒是一般人的成長故事更為有趣。

重要的是要**給讀者一個故事，讓他看了會不由自主地想支援**。在資訊爆炸的社群網路時代，與其一個人孤高地努力，不如成為自然有人支援的人，更有效率。因為想支援這個人，所以擴散資訊。因為想支援

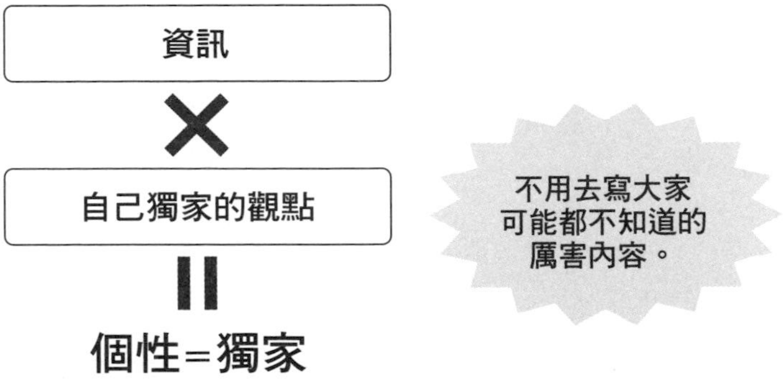

這家公司，所以東西才會暢銷。

可是如果是太過刻意的故事，反而會澆熄顧客心中的火花。與其推動分享就可以得到〇〇的宣傳促銷活動，不如朝著增加自然有「想支援」的心情，並主動擴散資訊的人（＝粉絲）去思考。

●要成為在社群網路被加油打氣的人，要傳達什麼訊息才好？

先來看看一般人會想為什麼樣的人加油打氣。

❶期待他成長的人；

❷只要努力也能跟他一樣的人；

❸對那個人可能實現的未來感到雀躍。

①期待他成長的人

例如剛出道的偶像、扮演假面騎士的年輕演員等。雖然不是歌唱得特別好或演技特別棒，我還是想為他加油打氣。高中棒球選手也一樣。就算是創業家或自營業者，也有一些讓人覺得「這個人很努力，我想為他加油打氣」的人。

②只要努力也能跟他一樣的人

這種人就像是走在自己前面一點的前輩一樣，共鳴和憧憬交錯，覺得自己只要努力，也能跟他一樣，所以很在意那個人的一舉一動。很想看看那個人的腦袋是怎麼長的。

這裡要提醒大家注意，這和不久前流行的「憧憬行銷」的差異。

以前大家憧憬的對象集中在穿著亮眼華服，聚集在奢華場所的人，或開名車、辦公室在都會蛋黃區等的人，現在只有這種「表象」的人很難受人憧憬。因為在社群網路的玻璃世界中，「內涵」才有價值。

每天早上美美地變身後在Instagram上直播的人，其實是很討厭早起的人。他如何克服早起的心魔準備直播？這種背後的故事才是吸引人的內容。「這個人和自己其實也沒什麼不一樣」，可是他卻成功了，為什麼？這就是大家想知道的地方。

我以前也曾經對那些充滿自信地在大眾面前演說的媒體寵兒，所傳達的「我的弱點」訊息產生共鳴。只靠著精心打造的表象，越來越難獲得支持了。

③對那個人可能實現的未來感到雀躍

這種人努力想實現的未來，會讓你也想生活在其中。在看不到正確解答，前途茫茫的時代，這種人能告訴你「這樣的社會很好啊」、「也有這種生活方式哦」。這種人打造的未來讓你覺得很有趣，或是好像能解決現今的社會課題，這些都是大家想加油打氣的對象。就像是大家會為挑戰新事業的人、銷售永續商品的人、從父母手中接棒經營老店的人等加油打氣一樣。

●失敗的經驗就是最強的武器

在只能靠電視、雜誌等大眾傳媒傳達訊息的時代，做好充足準備再上場是理所當然的。可是在表裡一覽無遺的社群網路時代，「過程」本身才是內容。

不需要努力展現出自己完美的一面。就算不保證一定成功，勇於挑戰的態度還

靠人格持續暢銷的社群網路訊息

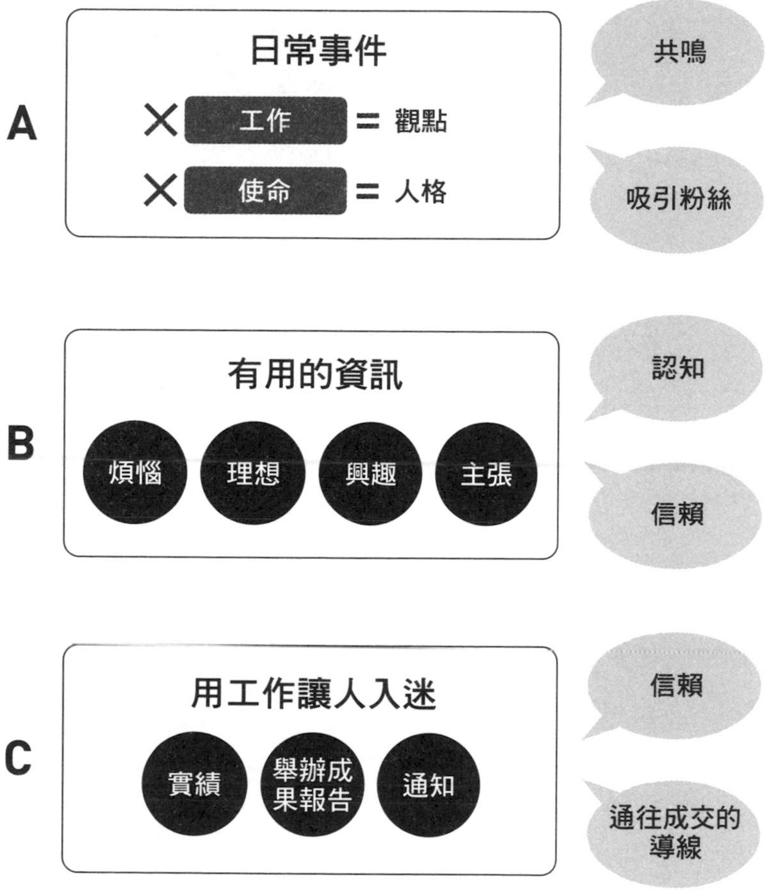

A：B：C＝4：3：3

是會引人共鳴，老是一絲不苟的人偶爾出個錯，反而更能打動人心。

不用努力扮演自己，所有日常事件都可以成為內容。

話雖如此，上傳「今天的午餐」能獲得好評的人，只有明星和很受歡迎的人。就算傳達「〇〇車站周邊的美味午餐資訊」，如果這和自己的事業與使命無關，也沒有任何意義。

所以要「把日常變成內容」，具體來說又該從何著手呢？

做出結果的人，發文時會連結日常事件和工作使命

看著沒見過面的人的部落格、電子報、社群網路，會浮現「我想見見他」、「我想當面聽他說」、「只要是這個人說好的東西，我也想要」的想法。什麼樣的人會讓你有這種想法呢？

「能告訴我我想知道的事（技術、資訊）」，這種人或許就會讓人想追蹤，但會讓人有進一步的想法，想認識他、他推薦的東西就想要，應該就是讓你有以下感受的人吧：

- 我喜歡這個人的想法（很感興趣）。
- 我像和他一樣。

也就是本書主題的「人格」。

就我的定義，人格會表現在「觀點」和「使命」上。

所謂觀點就是看東西的方法。會用什麼樣的觀點去看東西呢？會站在什麼立場去看某現象呢？也就是眼睛會注意到的地方。

如果覺得一個人的觀點很有趣，你就會被他的訊息吸引。

不論是什麼事件，看法都會隨著看事情的角度而不同。要有自己的觀點，首先就必須決定「自己的立場」。

我所謂的立場，並不是覺得那份午餐好不好吃的意見，而是自己要用什麼專家的立場去寫作。

何謂人格？

觀點 …看東西的方法

使命 …自己為什麼做這項工作

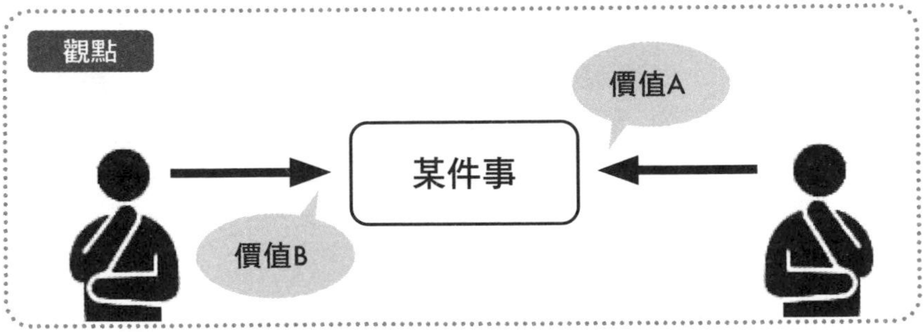

假設你和四位朋友共進午餐，你會怎麼寫呢？

「今天我在〇〇吃午餐，很好吃。」

大概只有明星可以靠這種發文吸引到粉絲。你也可以介紹這家店，但這樣無法建立自己的品牌。

如果這四人是教寫作的我、色彩專家、心理學專家和財務專家，就可以用各自不同的觀點來說明義式餐廳的午餐（你不用覺得自己還稱不上是專家，只要自己決定自己就是這個領域的專家，這樣就可以了）。

從文章的角度來看，應該可以談談「看起來令人食指大動的餐點名稱」，

例如

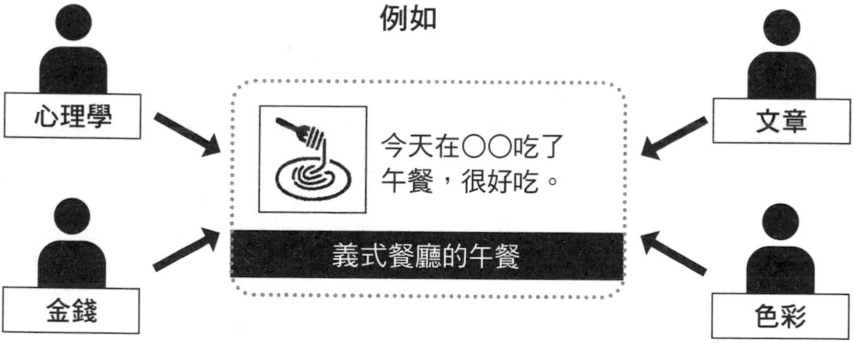

方程式 1

日常事件 × 工作關鍵字

產生自己獨家的「觀點」。

或「店員的招呼聲很棒」吧。如果是色彩專家，說不定可以談談「讓人食慾大開的餐具顏色」或「名店的內部裝潢」等。

心理學專家好像可以寫出「可以立刻決定要點什麼餐點的人，和做不到的人的差異」或「為什麼選了這家店」等。如果以金錢為主題，大概可以談談「這家店的翻桌率」或「提供外送服務的商店利潤」等。

很明顯地，這些內容和單純的「今日午餐」或「商店介紹」不同吧。

如此這般把日常事件乘上工作，就可以產生自己的獨家「觀點」。

方程式① 日常事件×工作關鍵字，擁有自己的獨家觀點

一直想關鍵字，直到能直率地用一個關鍵字來表示自己的工作為止。關鍵字可以是單字也可以是一句話。這是尋找線索的契機，不需要一定得是很漂亮的單字或一句話。

例如：

❶ 顧客評價你或你的商品時會說的關鍵字是？

❷ 介紹你或你的商品或提到口碑時，大家會用什麼關鍵字？

日常事件×工作關鍵字

寫出自己的「工作關鍵字」

- ☑ 顧客評價你或你的商品時會說的關鍵字是？
- ☑ 介紹你或你的商品或提到口碑時，大家會用什麼關鍵字？
- ☑ 如果用一個字來表現你或你的商品，會是什麼字？
- ☑ 購買商品後有什麼優點、利益？

文章的寫作方法	傳達自己的價值
標語	增加粉絲
集客文章	可以很快地寫出文章
集客	簡單明瞭地傳達
用字遣詞	推銷自己的方法

把工作關鍵字寫出來看看吧！

❸ 如果用一個字來表現你或你的商品，會是什麼字？

❹ 購買商品後有什麼優點、利益？

也可以是今後你想投入的事。

像這樣寫出關鍵字後，日常覺得沒什麼大不了的事，就會被自己的雷達抓住。不知道大家有沒有類似的經驗，像是自己或同事懷孕了，就突然注意到路上有很多孕婦；或者是寄出信件後，才發現平常都沒注意到的郵筒的存在？

把關鍵字放在腦中，更容易接收到相關資訊，看到東西時也可以用關鍵字為基礎的觀點，去看待事情。

其次，把寫出來的關鍵字和日常事件相乘。

當你的腦海中有關鍵字意識時，慢慢地你看所有事都會和工作產生關聯。但一開始時，還是先寫出「最近的事件」作為輔助。

把寫出來的最近事件排出來，然後想想這件事可以從「工作關鍵字」的哪個切入點去談？以我為例，以前我曾在一家店，看到店長火冒三丈地怒斥員工。當場有很多客人，店長卻大聲咆哮：「我不是說過很多次了嗎？」或是「為什麼連這種事都不會？」甚至是「你真是笨蛋！」我當下就覺得不想再來這家店，因為店長竟然會在客人面前做這種事。我也覺得就算要斥責，也有其他說法吧。

從自己在這件事當中的情感感受，選擇「被自己的雷達抓住」的情感。如果是「不想再去那種店」，說不定可以談談一家店的品牌建立方法，如果是「斥責的方法」，就站在「言辭」的觀點寫文章。像這樣仔細分析自己由事件得到的感受，就知道該用哪個工作關

日常事件×工作關鍵字

成為自己的獨家「觀點」

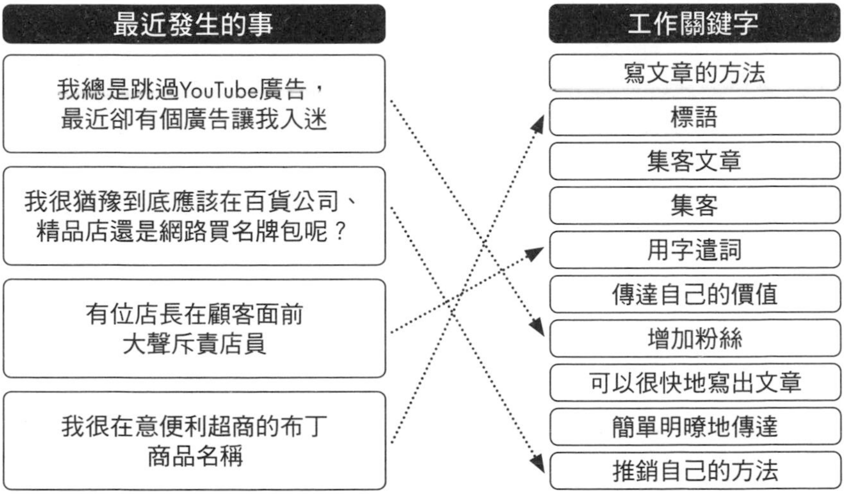
最近發生的事
我總是跳過YouTube廣告，
最近卻有個廣告讓我入迷
我很猶豫到底應該在百貨公司、
精品店還是網路買名牌包呢？
有位店長在顧客面前
大聲斥責店員
我很在意便利超商的布丁
商品名稱
工作關鍵字
寫文章的方法
標語
集客文章
集客
用字遣詞
傳達自己的價值
增加粉絲
可以很快地寫出文章
簡單明瞭地傳達
推銷自己的方法

鍵字去寫。

還不熟悉這項作業的時候可能覺得很難，但熟悉後肉眼所見的所有東西都可以成為寫作材料。

已故哈佛商學院教授克雷頓・克里斯汀生（Clayton M. Christensen）在他的名著《創新的兩難》（*The Innovator's Dilemma*）中提到，「所謂創新，就是將乍看之下毫無關聯的事情連結在一起的思考」。「將乍看之下毫無關聯的事情連結在一起的思考」也是傳達資訊時的有力武器。

一開始可能會覺得很牽強很勉強，但寫著寫著就會越來越上手，越來越能相乘思考。而相乘思考不只有助於寫作，也是孕育新事業的練習。

日常事件×工作關鍵字的例文

在雜誌上看到一雙涼鞋，讓我覺得「好想要哦」，於是我就去店裡試穿。這是一雙今年常見的運動風涼鞋，穿起來很美。

試穿後發現即使是最大尺寸，對我來說還是有點緊，明明看起來很美啊，這樣的話就只能放棄了。正當我這麼想時，店員推薦我另一個品牌的鞋子，穿起來有一樣的風格，但尺寸更齊全。

她還拿起店裡的iPad幫我搜尋。

因為這家店不賣那個品牌的涼鞋。

「如果要搭配裙子，可以選這種設計。」

「我覺得這種亮眼的顏色很適合工作時穿，這點還蠻讓人意外的。」

「差不多這種高度的鞋底，看起來身材比例更好。」

她一邊看著照片，一邊仔細說明後，還告訴我附近哪家店有賣。而且那家店跟她們無關，也不在同一個購物商場中。

年紀看來小我一輪，梳著漂亮髮型，肌膚狀態又很好的店員笑著說：「我自己也很感興趣，所以之前也查過這個品牌的鞋子。」

拜她所賜，我有了美好的購物體驗。雖然我沒有貢獻業績給那家店，但我已經是那位店員的粉絲了。之後只要經過那家店，我應該都會進去看看吧。

我覺得她教會我一件事，就是不要只追求「今天的業績」，重要的是「顧客要的是什麼」。

方程式②日常事件×使命關鍵字，傳達人格

只有工作的關鍵字還無法傳達人格。要深入傳達人格，就必須傳達「使命」。所謂使命，就是自己揮舞的大旗，也就是「自己為什麼要做這項工作」、「想提供給誰什麼樣的價值」、「想建立什麼樣的世界」。

用工作關鍵字去分析日常事件，就會產生獨家觀點；而用使命相關的關鍵字來談日常事件，寫作時就可以訴諸感情。

以我為例，我Facebook和部落格上也會寫些小孩或家人的事，不會只寫工作。但我寫的內容並不是「我家小朋友好可愛喔」或「我都和小孩這樣玩」，我會談談有三個小孩，其中一個還是幼兒的我如何分配時間，以及辭職成為自由業後，我如何度過二次懷孕生產等。因為我不是只寫有小孩好或不好，而是傳達「在有條件限制下建立事業的困難與快樂」，所以有些讀者看了之後，會覺得「我跟她一樣耶」或者「我也想這樣工作」，於是來報名參加講座和研討會。來參加研討會的人，有些人的確有文章和傳達訊息方面的困擾，但更多人想的是「希望見你一面談一談」、「讀了你的文章想和你見一面」。

這是因為我傳達的訊息不只是工作，也展現出自己的多面性。不過雖說是多面性，如果和前面「這是我的午餐」的例子一樣，只寫興趣、家人或寵物的事，還是無法引發別人強烈共鳴。就算別人覺得「啊，我也有養狗，真的是這樣耶」，但卻不會因此有「我想見這個人一面」的想法。

使命關鍵字可以傳達自己的內涵深度。所以不要只寫和工作相關的事，也要寫出自己重視的價值觀。

使命關鍵字可以根據前述「從自己的獨有經驗中找出關鍵字」寫出來的內容，整理單字或句子即可。

❶你重視的事、重視的原則是？（工作、私人）

❷你想和顧客建立什麼樣的未來？

❸你做這份工作是為了誰、為了什麼？

❹透過部落格或社群網路，你想傳達什麼樣的價值觀？

完全以主觀的觀點來寫就可以了，試著寫出你的熱血，包含你重視的地方、想建立的社會吧。

> 方程式 **2**
>
> **日常事件 × 使命關鍵字**
>
> 傳達人格。

如果是官方帳號，以公司的堅持為基礎，再加入個人的想法，這樣更容易讓人感興趣。比起官方正式發布的資訊，能讓人看到背後的人的個性，這樣的文章更有魅力。

傳達訊息時要加上人格，重點就是要傳達使命。如果只是大聲疾呼「我很重視這個！」、「敝公司的使命是……」，不會有人感興趣。所以寫作時把日常事件連結自己或自家公司的使命很重要。

接著把日常事件和使命關鍵字相乘看看。例如我家有兩個小學生和一個幼兒。有一次喜歡料理的長男，包辦了菜色選擇、食材採買到烹調的所有大小事。這件事如果寫成「我家小孩做了這種事！」或許會有很多人按讚，但無法連結到別人對自己的關心。於是我就從套用自己寫出的任一個使命關鍵字，來談這件事的方向去思考。

自從我休完育嬰假回歸職場失敗，不得不辭職後，我就立誓「要讓有小孩這件事成為優勢而非不利條件」，所以努力工作。我希望讓今後可能結婚生子的女性，或現在家中有小朋友，不知該如何工作才好的女性知道，「也有這種選擇喔」，所以持續傳達訊息。十年前我的訊息內容主要以女性為對象，但現在越來越多男性也

日常事件×使命關鍵字

寫出自己的「使命關鍵字」

- ☑ 你重視的事、重視的原則是？（工作、私人）
- ☑ 你想和顧客建立什麼樣的未來？
- ☑ 你做這份工作是為了誰、為了什麼？
- ☑ 透過部落格或社群網路，你想傳達什麼樣的價值觀？

女性新工作方式的提案	在可大展長才的場所工作
去除自以為是	委任的力量
想做與眾不同的事	比起銷售商品· 服務，「推銷自己」更快
有小孩這件事是優勢 而非不利條件	每個人都能發揮所長工作
可從零開始建立事業	在喜歡的場所， 和喜歡的人一起做喜歡的事

把使命關鍵字寫出來看看吧！

有育兒與工作難兩全的煩惱。如果用這樣的主題寫作，說不定可以寫出一種結論，也就是讓小孩從小開始學做家事，雖然一開始很麻煩，但十年後的自己會受益。

或者也可以改變觀點，用「在可大展長才的場所工作」的主題寫作。我家長男從小就沒有什麼「喜歡這個」或「對什麼事很投入」的經驗。讓他去學才藝，他也總是很快就厭煩了。就算告訴他「你可以去做任何你想做的事」，他也只會說「我沒什麼特別想做的事」，反覆循環。我常因此恨得牙癢癢的，希望他找出自己喜歡的事，什麼

日常事件×使命關鍵字
成為打動人心的文章

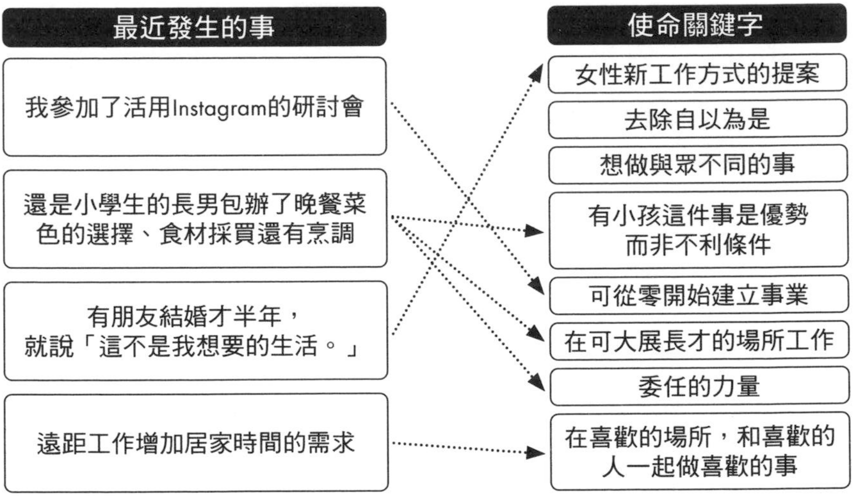
最近發生的事
我參加了活用Instagram的研討會
還是小學生的長男包辦了晚餐菜色的選擇、食材採買還有烹調
有朋友結婚才半年，就說「這不是我想要的生活。」
遠距工作增加居家時間的需求
使命關鍵字
女性新工作方式的提案
去除自以為是
想做與眾不同的事
有小孩這件事是優勢而非不利條件
可從零開始建立事業
在可大展長才的場所工作
委任的力量
在喜歡的場所，和喜歡的人一起做喜歡的事

事都可以。就在這個時候，他幫我準備先生喜歡的料理，然後他終於可以明確地說出「我喜歡料理」了。只要有一件事，讓自己覺得「我會這個」，人就會有自信。工作也一樣，只要有一件事，讓你敢對別人說「我會這個」，那麼不論在什麼狀況下，你都能建立事業……寫作時就可以傳達這種訊息。

寫文章時要連結自己的使命，而不只是直接寫下日常事件。我深信這種寫作方式，才是增加自己的粉絲，成為長銷人士的最強寫作方式。

日常事件×使命關鍵字的例文

我曾有幸和某領域全球知名人士一起工作三年左右。我真的是服了，和他一起工作實在太棒了。每次見到他、聽他說話，甚至是電郵往來，都讓我覺得有如清風拂面而過。

工作上他絕不妥協，連細節都精打細算，做出前所未見的東西。他異常認真，但卻不會讓人覺得精神緊張。他對自己很嚴格，但他周遭的空氣卻很寬容，我沒看過他對晚輩或部下大小聲。就算他言詞嚴峻時，口吻也很溫和，就算斥責或警告，他也不會讓周遭陷入沉重壓力。

談工作時，他的表情就像是收到心愛的鋼彈模型禮物時的小孩。這裡好像有點不順、我覺得如果再這麼多做一點，應該會更好吧。他全身洋溢著快樂的氛圍，沉浸在思考那件事、做那件事的喜悅中。

以前也曾有過一些小問題，倒也不是說誰犯錯，不過是有些陰錯陽差以致沒有配合好。

像是太晚才看到電郵通知、如果再早一點聯絡就好了之類的事。雖然對大局沒什麼嚴重影響，但還是要花時間互相調整行程等。當時他的表現極為俐落，這方向他道歉，他會說沒這回事，我才要跟你們道歉。他不會因為覺得自己都做到這種程度了，而去責怪對方或找藉口。我想因為他完全專注在自己應該做的事情上，專注在自己的本分，所以注意力不會被其他事影響，才能活得真誠、直率、果斷吧。

他真的覺得工作很有趣很愉快，持續做出前所未見的東西，在緊張感和壓力下還能散發出寬容的氛圍，帶著微笑讓人如沐春風。因為工作關係，我曾以採訪為名，見過各種領域的專家、經營者與工匠等各種職種的人，我發現許多成功人士的表情真的都很像小學生。英語的天職好像是Calling，也就是被那項工作「呼喚」。這些成功人士真的就是被呼喚去做那份工作的人，這真的太酷了。

我不禁在想自己在思考點子、寫文案、與原稿奮鬥時，不知是不是也會流露出這種神情。

只有「有用資訊」無法漲粉

在社群網路上發表對使用者有用的資訊！這種想法是對的，但光寫這種資訊也無法漲粉。

原因有二：

❶有用資訊中看不出人格；

❷只要有其他人寫出一樣的技巧，粉絲就會流失。

假設有個人不太會用電腦，他看到螢幕上出現看不懂的英語警示，這時該怎麼辦呢？我想大多數人都會複製那行警示，上網請教Google大神吧。然後隨意點開一個搜尋到的網頁，找到處理方法，覺得得救了！然後這件事就結束了。

那個網頁可能是某人的官網或部落格，但你會想再讀一次他的部落格嗎？

Twitter和Facebook也一樣。對於提供有用資訊的人，你可能會想追蹤他，可是如果只有技巧，看不出那個人的人格，那換其他人來寫也一樣。只要出現有新技巧的人，粉絲就會流向新人。提供技巧又有龐大粉絲的人，粉絲通常是被他的人格吸引，而不是被他的技巧吸引。

那麼如何才能讓有用資訊不只是技巧，也能傳達人格呢？

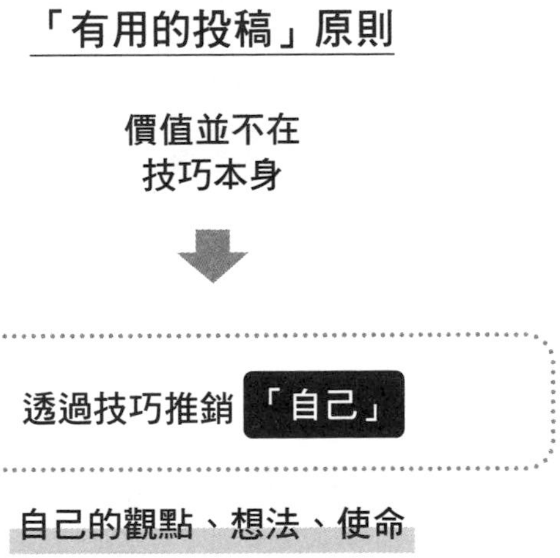
「有用的投稿」原則
價值並不在
技巧本身
透過技巧推銷「自己」
自己的觀點、想法、使命

方程式③ 顧客的煩惱×工作關鍵字

方程式④ 顧客的理想×工作關鍵字

所謂有用報導，就是可以幫助有困擾的人的內容，所以原則上寫讀者的困擾即可。但重點是「思考時不要戴著偏愛的眼神看自己的商品／服務」。

我舉個例子來說明。假設你是一家英語會話補習班老板，如果要在社群網路或部落格上發表和業務相關的內容，你會寫些什麼？許多人應該會以「不會說英語很困擾」、「希望自己的英語更上一層樓」的人為對象來寫作吧。

可是對英語會話感興趣的人，可不是一天到晚都想著英語會話的事。

如果是上班族，可能正忙著累積資歷以求有天能派駐海外，或許也可能在煩惱和客戶窗口之間的關係。也可能因為回到家又太忙，跟老婆小孩都沒什麼時間講話，覺得很困擾。

顧客的煩惱 × **工作關鍵字**

產生新價值

顧客的理想 × **工作關鍵字**

產生新價值

讀者的興趣 × **工作關鍵字**

更容易懂

老舊價值觀 × **自己的主張**

自然傳達自己的堅持、賣點

你可以想像一下這種人的日常生活，把這種人的煩惱、希望成為什麼樣的人寫下來，和英語會話無關也無妨。做這件事時可以鎖定一個人為目標，這樣會進行得更順利。這「一個人」可以是現有顧客，也可以是希望他成為自己粉絲的對象，但一定要是真實存在的人物（最好是第二章寫下的「想成為這種人的友軍」的人）。這「一個人」也可以是過去的自己。很多人創業的動機，都是希望幫到像過去的自己的人。想像虛構對象的煩惱可能會有偏差，但如果是自己過去曾有的煩惱，就一定是實際有過的

顧客的煩惱×工作關鍵字

產生新價值

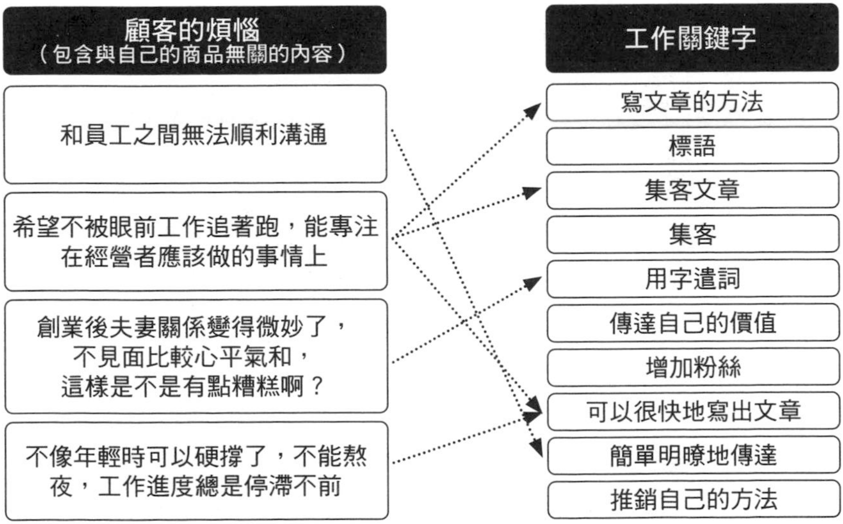
顧客的煩惱
（包含與自己的商品無關的內容）
和員工之間無法順利溝通
希望不被眼前工作追著跑，能專注在經營者應該做的事情上
創業後夫妻關係變得微妙了，不見面比較心平氣和，這樣是不是有點糟糕啊？
不像年輕時可以硬撐了，不能熬夜，工作進度總是停滯不前
工作關鍵字
寫文章的方法
標語
集客文章
集客
用字遣詞
傳達自己的價值
增加粉絲
可以很快地寫出文章
簡單明瞭地傳達
推銷自己的方法

煩惱，應該可以成為有相同煩惱的人的參考。

前頁圖表是以我自己為例。

我傳達訊息的目標對象是「想把自己的想法化為言語，從零開始建立事業的人」。我會先把自己的商品／服務放一邊，去思考這些人有什麼樣的煩惱。

例如鎖定沙龍經營者來看，他的煩惱可能是和年輕員工之間無法順利溝通、被眼前的工作搞得團團轉沒有時間，以私人生活來說，他的煩惱可能是夫妻關係、自己的身體健康等等。

顧客的理想×工作關鍵字
產生新價值

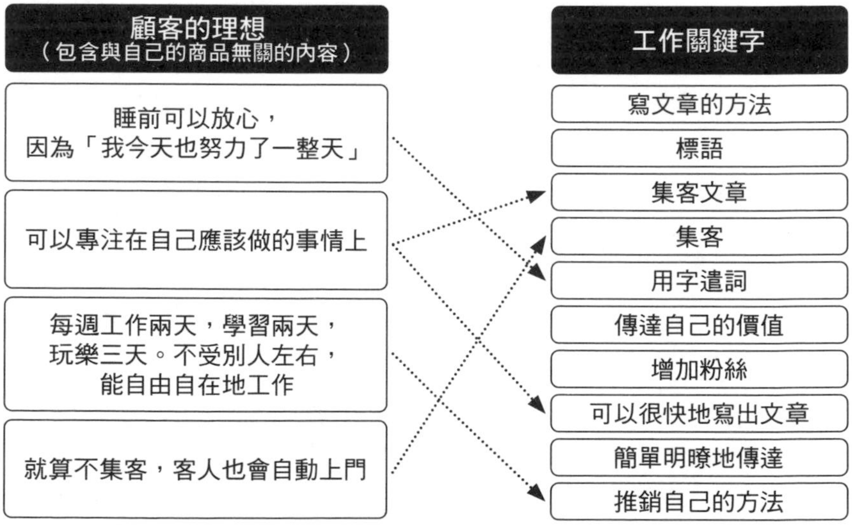
顧客的理想
（包含與自己的商品無關的內容）
睡前可以放心，
因為「我今天也努力了一整天」
可以專注在自己應該做的事情上
每週工作兩天，學習兩天，
玩樂三天。不受別人左右，
能自由自在地工作
就算不集客，客人也會自動上門
工作關鍵字
寫文章的方法
標語
集客文章
集客
用字遣詞
傳達自己的價值
增加粉絲
可以很快地寫出文章
簡單明瞭地傳達
推銷自己的方法

針對這些煩惱一一思考可以用我的哪個「工作關鍵字」來談？「和員工之間無法順利溝通」就可以談談改變說法就可以解決問題，或是連結到正因為已經不年輕了，不能硬撐，如果可以快速利用部落格和社群網路傳達訊息，就可以早點睡。

重要的是要先從自己腦海中，排除自己的工作與商品／服務，寫下對方真正的煩惱，而不是從自己的工作關鍵字去思考顧客的煩惱。把這種真實的煩惱連結到自己的工作，對你的訊息感興趣的人自然越來越多。

如果只鎖定「想寫好文章」的人，目標客層就極為侷限，無法增加對你的訊息感興趣的人。不從自己的商品／服務出發，才能讓自己的商品／服務產生新價值。

顧客的煩惱×工作關鍵字的例文

「夫妻與文章有個共通點，就是前提要一致」

結婚前我早餐都吃麵包，但老公習慣吃飯。交往時他來我家，早餐也陪我吃麵包，但結婚後他就說「還是吃飯比較好」。所以早餐都由他準備。

我小時候因為爸爸生病無法工作，所以我一直覺得「媽媽外出工作很正常」。但對老公來說，好像也沒有什麼正不正常的。

像這種「前提」很重要。如果男生的生活前提是「男主外女主內，女人就應該在家相夫教子」，我不會跟這種人結婚，萬一結婚後才發現他有這種前提，那就悲劇了。這不是誰的價值觀比較好的問題，單純就是「前提不同」。

妻子（丈夫）的前提是「小孩越早接受考試越好」，丈夫（妻子）的前提卻是「考試就等本人主動說想考再去考就好了」，這兩個前提不同的人一定話不投機。

這不是誰對誰錯的問題。不仔細確認自己和對方的前提，兩個人之間就無法溝通。

某個週六晚上在家裡煮壽喜燒時，我突然有了這個想法。因為先生的壽喜燒和我想像的不同，作法不同，連食材都完全不同。

不同的地區、不同的家庭所謂的「正常」，其實都不一樣。

「前提要一致」並不是要委屈自己去配合對方，而是了解自己和對方的前提不同，並且讓對方了解我是用這樣的前提在跟你溝通。

而這也是我每個月要為近五十位學員批改文章時的發現。難懂的文章、老是有看沒有懂的文章、不知所以然的文章，大都忽略了「前提」。特別是因工作需要傳達訊息的人，這種毛病更是常見。

自己是「某種專家」，所以很了解相關內容。因此寫文章時就會忽略「前提的部分」，寫些很細節、很狂熱的內容，這種文章真的很常見。

當然「永遠只談前提」的文章很無聊，「那個問題被問了至少有一百次了吧！」像面試官那種太過理所當然的提問，一點兒也不有趣。

我的意思不是要大家寫出冗長的前提，而是要確實地把「我是以這種前提為立場」的部分傳達給讀者，否則文章無法深入人心。

略過前提的文章，就像是前提不同卻結婚的夫妻一樣，一定會後悔自己為什麼沒有早點發現這一點啊！

方程式⑤ 讀者的興趣×工作關鍵字，成為有瀏覽數的報導

例如很會說話的人，他說的話很有趣，文章也很容易懂。寓言最基本的原則，就是「要以對方感興趣的事比喻」。對著小學生說話，內容卻是世界情勢或政治

家，對方應該秒速入睡吧。如果用現在流行的遊戲比喻，或是加入躲避球、學生會、遠足、營養午餐等關鍵字，小學生也會很感興趣地聽你說吧。

「工作關鍵字」和「讀者的興趣」相乘，可以把自己的工作轉換成對方感興趣的話題。由對方感興趣的話題下手，就可以談到自己的工作。原本就是對方感興趣的話題，所以對方會讀的機率提高，等到對方覺得「他很懂我耶」之後，就容易進入工作或商品的話題了。

讀者的興趣×工作關鍵字

把「自己的內容」轉換成讀者感興趣的事

讀者在意的東西

- 流行的戲劇或電影
- 料理
- 時尚
- 育兒
- 過去流行過、令人懷念的東西
- 當紅的書
- 新聞
- Twitter等的趨勢

×

工作關鍵字

- 寫文章的方法
- 標語
- 集客文章
- 集客
- 用字遣詞
- 傳達自己的價值
- 增加粉絲
- 可以很快地寫出文章
- 簡單明瞭地傳達
- 推銷自己的方法

讀者的興趣×工作關鍵字的例文

「豬五花肉塊　推薦做滷肉」

我今天去了不常去的超市，心中完全沒有想到晚餐要煮什麼。我來到肉品區前，突然看到一行字「豬五花肉塊　推薦做滷肉」。每家超市的標示各有不同，有的只會標明是「豬五花肉塊」，有的會寫上「推薦做〇〇」。料理達人看到豬五花肉塊，馬上就可以想像要如何烹調吧。但對於不太會煮飯的我來說，就算看到標示為「豬五花肉塊」的特價商品，我也必須上網搜尋「豬五花肉塊　簡單」、「豬五花肉塊　十五分鐘　食譜」，才知道能烹調出什麼菜色。啊啊！真的太麻煩了。但有了「推薦做滷肉」的一句標示，就可以省下我想菜色的時間，而且腦海裡還會浮現「煮出美味滷肉的樣子」。

所以我今天買了「豬五花肉塊」。

這件事讓我不禁開始想「如何把這個經驗運用在自己的事業上？」我得到的結論是，「初學者無法想像能把它用在什麼地方」。

★例如有沒有自以為說得很清楚了，結果對方根本不理解的商品／服務用途？

★這可以用於〇〇。這種時候有了這個就很方便。有沒有什麼商品加上這種標示，就可以提高購買率？

像這樣讓自己換個立場去思考，這就是行銷人的腦。

方程式⑥ 老舊價值觀×自己的主張，傳達差異化的重點

下一個相乘公式適用於想不經意地傳達「自己的堅持」或「差異化重點」時。

大多數經營者都「想差異化」。但如果太想和同業做出差異，可能就會為了求異，走向絕大多數使用者不需要的方向，或為了寫出同業沒寫過的內容，而寫出一篇讀者根本不需要的艱深文章。

偶爾也有人寫文章時為了傳達自己的堅持，就貶低和自己不同的其他人。不過最好不要在社群網路上這麼寫，因為貶低別人、抬高自己並無法漲粉。

可是還是想讓別人知道自己的堅持，希望自己成為同業中最出類拔萃的存在，

希望別人覺得自己與眾不同。此時也不用去貶低特定人士或某家公司，而是用自己的主張和「老舊價值觀」作戰。

過去雖然覺得是A的人比較多，但今後是B的時代了，只要如此簡單傳達即可。不需要去煽動大家的情緒，如「你還在做A？」、「如果你一直以為是A就糟了」。

老舊價值觀×自己的主張

不經意地傳達自己的堅持、賣點

老舊價值觀		自己的主張、堅持
只要寫出暢銷金句， 爛石頭也能熱賣		比起商品／服務， 更應推銷「自己」
以電視購物或郵購為範本		個人也必須建立品牌
只要商品／服務好就能暢銷	×	傳達人格
最好每天寫部落格		不需要語彙力
刺激購物的話術		說明商品也不會熱銷
煽動情緒就會熱賣		寫的時候要當成沒人會讀
社群網路上大家不會看太長的文章		不要以「讓對方衝動購買」為目標

老舊價值觀×自己的主張的例文

Google的總搜尋件數減少了。

大家常說「搜尋的人減少，是因為人的欲望變少了」。但我以為其實不是人的煩惱消失了，而是「雖然有煩惱、困擾或理想、欲望，但無法化為言語，所以無法搜尋」。

所以能將「無法化為言語的想法」化為言語的人，就會是社群網路上的紅人。

方程式⑦ 使命×活動報告，有助於下次報名

前面說明了用四個相乘撰寫「有用報導」的方法，最後則要具體說明「讓業務充滿魅力的發文」。讓業務充滿魅力的發文，重點在於「實績」、「告知」以及「活動報告」。說到實績好像要是大事才行，其實小事也可以。今天賣了這麼多商品、收到顧客這樣的意見，被媒體報導了或是上網路新聞了，就算只是小篇幅的報

導，也都是實績，所以就確實發文吧。

此外，明明很重要但很多人卻不發的文，就是「活動報告」，也就是我們辦了這樣的研討會、有這麼多人來參加這場活動等活動報告。很多人只是在「今天我們舉辦了〇〇！雖然很緊張，但真的好快樂！」的文章，加上問卷上顧客寫的「顧客意見」，然後就發出去了。這樣真的很可惜。

我每次發出研討會或講座的活動報告時，通常也是最多人報名的時候。

使命×活動報告

下次活動的踴躍報名

使命關鍵字

- 女性新工作方式的提案
- 去除自以為是
- 想做與眾不同的事
- 有小孩這件事是優勢而非不利條件
- 可從零開始建立事業
- 在可大展長才的場所工作
- 委任的力量
- 在喜歡的場所，和喜歡的人一起做喜歡的事

×

活動報告

- 顧客的感想（實際說的話）
- 實際做過的事
- 活動標題
- 內容
- 下次活動的網址（連結）

這是因為我的報告不光是報告，還會在報告中加入「使命關鍵字」。此時的使命就是「為什麼要辦這場活動」。希望讓什麼樣的人發生什麼樣的變化？希望貼近誰的什麼樣的想法？想要實現什麼樣的社會？

活動報告的重點如下：

- 不用「今天」、「我」這種理所當然的開頭。
- 不用問卷上的答案，而是直接採用顧客說的話。
- 傳達做過的事時，要讓人有身歷其境的感覺。
- 簡潔扼要地記載活動標題和內容，並留下下一次活動的時間和報名頁面的網址。

此外我想大家也都同意，與其自吹自擂，讓別人來推薦自己更有效。另一個重點就是讓活動與研討會成員，發文時加上一樣的#（hashtag），在部落格和社群網路上發表感想。拍照時營造出「很多人的感覺」，不只可以讓人覺得自己很受歡迎，也可以藉此推那些還在猶豫「要不要去啊」的人一把，讓他們轉念「如果是這麼多人去的場合，那我也想去」。

●由評論產生內容

社群網路的原則就是「交流」。對於投稿和發文的「評論」，就是下次發文的素材。舉例來說，我在Facebook上發文時，有時自己心中也還沒找到答案，也有時還沒有鎖定的主張。寫作時大家常說「要有明確的主張」，不過社群網路的貼文其實也可以視為「實驗場所」。

就算自己心中想說的話還不是很清楚，也還是先寫出來發文。然後「自己針對評論的回答」，很可能就是自己一開始想說的事。所以發文時我不會追求完美，總之就是持續發文。然後自己針對評論回答，再據以撰寫下一篇發文，或是根據回答衍生出的內容，在部落格或電子報等寫出一篇較長的文章。

評論就是「社會大眾」，就算自以為寫得很容易懂，看評論還是可以知道對方哪裡不懂。外行人「那是什麼意思？」、「〇〇如何呢？」等的單純疑問，就是最好的線索。從這個角度來看，不要只和同業或已經過於了解自己價值觀的人交流，多和不認識的人交流也很重要。

以我為例，我在對我和我的事業有興趣的人聚集的「線上沙龍」和社群網路上發文，就算寫同一件事，收到的評論也大不相同。線上沙龍是專精且深入的社群，可以談談我今後的事業策略等等，並聽取意見。另一方面，平常的發文，則可以得到對我的事業還不感興趣的人的單純意見。我把後者當成「社會大眾的意見」以為參考。

寫出長期受信賴的文章之五大原則

最後要談的是寫作的技巧。雖說是技巧，但可不是競爭力瞬間爆發如「只要有這句就一定大賣」之類的內容。我要談的是符合和顧客長久往來的時代需求，受信賴的寫作方法。

寫文章的原則就是**「把自己想寫的內容，用對方容易接受的方式寫出來」**。讓人容易接受的文章就是可以深入人心，讓人不知不覺間就讀完的文章。不會讓人中途棄讀，或覺得厭煩的文章。

覺得信賴無關緊要，總之就是想寫出引人注目、會爆紅、會讓人出手購買的文章，其實可以用自以為了不起的態度煽動對方，用「你怎麼連這種事都不知道？」

之類，讓對方不安的方法寫作即可。這樣短期間還會增加瀏覽數，購買人數可能也會增加。可是因為不安而購買的人，不會成為長久往來的顧客，要寫出引發共鳴的文章，就必須貼近人心。

我以為人這種生物就是：

- 不希望別人用高高在上的態度對自己說三道四。
- 不想被人命令。
- 不希望自己被別人輕易看透。
- 不希望受束縛。

大家覺得呢？

我想一定有人同意，但也有人反對吧。

不過大多數人應該覺得「原則上是這樣，但也有例外」吧。例外就是「如果是這個人說的，我接受」、「這種時候不同」等「人」和「狀況」的例外。

例如對於原本很信任的人，他說的話再怎麼不中聽自己也能接受，就算他高高在上地對自己下命令也可以接受（我自己則是不論對方是誰，都不願意接受）。

而因為狀況不同，有時也會覺得「如果有人由上而下地交代，我比較安心」、「希望有人了解我的心情，不管是誰都好」吧。

這種時候其實就是自己脆弱的時候。我是一個月光族，很希望有人了解我的心情，不管是誰都好。這種時候很可能就會輕易被「我懂你心中的苦」、「只要這麼做，就可以改變人生」、「別聽其他人亂說，這麼做就對了」等話術迷惑。精神脆弱的時候，就容易去做一些明明靜下心來想想，就知道有問題的事。就像是被你最喜歡的人狠狠甩了，於是只要有人溫柔以對，即使那個人是個渣，你還是會被騙，是一樣的道理。

當一個人很脆弱時，就容易被高高在上的態度，或斷定「只要這麼做就一定不會錯」的東西吸引。換言之，寫這種文章或許可以吸引別人的目光，但卻只會吸引到「依賴體質」的人。

至今許多商家仍常透過吸引依賴體質的人來推銷商品，用「你還在〇〇嗎？」的說法讓他感到不安，然後沒有任何根據的斷定「只要這麼做就一定不會錯」。可是這種讓對方不安，以推銷高價商品的銷售方法，真的是為了對方好嗎？

基於上述因素，我推敲出五大原則，以寫出讓人共鳴的文章。我也多次親眼目睹只要實踐這個原則，學員們寫出來的文章就好像換了個人似的。希望自己在社群網路或部落格等自媒體上的文章有別於他人、想獲得讀者和顧客信賴的人，請務必參考。

❶站在讀者立場，而不是高高在上

常有人說要站在讀者立場，不要高高在上。雖然知道高高在上的態度行不通，卻幾乎沒人知道具體做法。我認為會顯露出高高在上的態度，原因出在「語尾」和「提問的方法」。

文章的印象由語尾決定。下意識常用「！」為結尾的文章，會給人強勢推銷主張的印象。而為了給人溫柔的印象而常使用的語尾「吧」、「喔」，如果寫成「是這樣吧」、「是這樣喔」，又會給人不容分說的印象。

例

×即使是即將邁入四十大關的女性，只要有效率地找對象，還是可以找到幸福的喔！

○有效率的找對象方式，可以讓即將邁入四十大關的女性幸福。

❷不知道的事不要妄下結論

很多教人寫作的書籍，常說「總之下結論就對了」。其實有些事情可以這麼做，但有些事情可不能這麼做。

例如：

●腳底按摩可以提升免疫力！

看到這句話你有什麼印象呢？

嚴格來說提升免疫力不過是「有此一說」而已，醫學界見解也不統一，不過是「自己認為這個方法可以提升免疫力」而已。如果把這件事當成結論，說得好像這就是正確解答一定沒錯，看的人反而可能會有「這個人還好吧？」的印象。現今社會中到處充斥著這種文章。

聽我這麼說，有人就會問我「那你這本書的書名又是怎麼回事？」書籍就是「作者的主張」，不過是這位作者這麼想而已。書籍不是廣告，所以大都可以容許這種主張。然而自家公司或自營業者傳達訊息的官網或部落格等媒體，常被認為是「廣告」。不只是醫療或與身體相關的內容，在所有領域中分辨清楚「可以這樣下結論嗎？」很重要。

話雖如此，開口閉口就是「說不定」的人，看起來也不靠譜。此時有一些方法可以讓你不用下結論，但看來充滿自信。

- 應該～
- 可能～
- 您可以期待～
- 我相信～
- 我很有信心地向您推薦～
- 我深信～

● 您可以期待腳底按摩提升免疫力。

這樣寫就不是說謊了。自己是不是無意間寫下謊言？發文時這個觀點很重要。

❸ 小心問句

在文中提問（使用問句），讀者就會在那裡停下腳步，所以可以有效地吸引讀者閱讀文章。然而讀部落格或電子報等時，我常覺得「為什麼要問我這麼多問題？」接二連三的問題會澆熄讀者的熱情。

我將提問定義成兩種：

一是支配對方的提問；

二是對包含自己在內的全人類的提問。

例

① 你有整理房間嗎？

②為什麼明明整理過了，房間還是很快又亂了呢？

說到「提問」，是不是很多人都會寫①呢？因為很多人只知道這種提問方法。

素昧平生的人突然問你「你有整理房間嗎？」你做何感想？經常整理房間的人可能會回答「有」就完事了，可是對於沒有整理房間而有點罪惡感，或是雖然想整理卻無法整理的人來說，是不是會覺得「你也太雞婆了」、「你為什麼問我這種事？」

像這種「被問了後不知該如何是好」的問題，我稱之為支配對方的問題。

另外一種站在「我也是這樣，人就是這種存在吧」的立場，而提出的問題，就是「對包含自己在內的全人類的提問」。

- （我也是這樣）為什麼明明整理過了，房間還是很快又亂了呢？
- （我也是這樣）明明決定要早起了，為什麼就是無法持之以恆呢？

這種寫法可以讓對方覺得安心。

特別是對你在社群網路或部落格上的發文感興趣的讀者，都是「知道卻做不到的人」。大家都知道整理很重要，但就是做不到，一個人就是很難著手整理，有這種困擾的人就是讀者。對於那些雖然知道那很重要，但就是做不到的人，你問他們「你就是做不到吧」，他們會心裡一驚，而且是不好的驚嚇。對於接二連三提出這類問題的人，讀者不會有好感。

×你是不是老是為自己找藉口，說「沒時間」呢？
○人為什麼總覺得「沒時間」呢？

❹給讀者選擇權

自己的意見就當成自己的意見來寫，至於讀者要如何解讀，那是讀者的自由，用明確的主語寫出這是我的意見，把自己的意見寫得好像是世間常識一樣，可以將讀者帶入某種洗腦狀態，我想大家過去也曾故意寫出這種文章。

● 媽媽就是全家人的太陽！
● 面帶笑容的媽媽對小孩最好！

當我生下老大後，每次看到這種文章，我就想詛咒作者。這種冠冕堂皇的文章（我是在諷刺）在網路上隨處可見。每次看到我都會想，「那是誰決定的？你來問過我的小孩嗎？」如果是我，我會這樣寫：

● 有人說媽媽是全家人的太陽。
● 如果媽媽提不起精神來，小孩說不定就不會有笑容。

這種句子就可以不排斥地讀下去。所謂要寫得讓讀者容易接受，就是這個意思。

❺ 減少情緒化表現

這一點不容易做到，但只要做得到，你的文章看來就會截然不同。

讓人難過的是，讀者對於作者的情緒一點兒都不感興趣。就算你寫了「好高興」、「好傷心」、「真的很難過」，讀者也無法和你共情。扣人心弦的文章是可以把讀者拉進文章中的世界，這種文章描寫的不是情緒，而是情境。讀者看著這個情境，得到「（雖然不是完全一樣）自己好像也有過相同的經驗啊」，或者是「啊～我也希望變成那樣啊」的感受。讀小說可以進入小說的世界，就是因為覺得自己和主角與小說中的人物一起活在故事中。

要把讀者拉進文章中的世界，重點就是儘量減少直接表現情緒的話（雖然表情符號用在留言或訊息中很方便，但比起文字，表情符號會更直接地傳達情緒，所以文章中最好不要用表情符號）。

例如很多人會在部落格以「我的創業故事」或「創業的荊棘之路」為題發文，但只寫○○真的很難過、我很後悔○○等，讀者也不會懂。如果用情境來描繪當時的狀況，讀者就會覺得「啊～如果是這樣，真的很難過啊」、「那真是令人懊悔啊」，這就是「共鳴」。

如果叫人不要寫高興、快樂、痛苦、傷心、有趣等表現情緒的字詞，可能就什麼都寫不出來了，所以大家可以想想真要寫的時候，可以用什麼來替換？替換也有兩種方法：

❶描寫情境；

❷分解後再寫。

①描寫情境

如何用情境來描述「好熱」？

- 睡不好覺，半夜醒來好幾次（描寫發生的事）
- 廣播說一早氣溫就超過四十度（數字）
- 即使只穿了吊嘎，還是不停地冒汗（身體變化）

②分解後再寫

不要只寫很高興、很有趣，也加入**「為何」、「什麼地方」、「何事」的描述，就可以成為讓人有共鳴的文章。**

例如假設我是一位美容師，因為很高興收到顧客訊息而發文。

例

顧客傳來訊息說「換了新髮型，連心情都變好了，好像換了個人似的，興致高昂」。我真的很高興！

這種寫法，讀者看完只會覺得「哦」。

因此我們來分解這件事並想想看：

- 為何很高興？（WHY）
- 什麼地方讓你很高興？（WHERE）
- 何事讓你覺得很高興？（WHAT）

- 為何很高興？⬇因為顧客喜歡自己建議的髮型。
- 什麼地方讓你很高興？⬇讓顧客喜歡到還特地傳來訊息。
- 何事讓你覺得很高興？⬇最近自己對工作喪失自信，這個訊息讓自己覺得自己還是可以的。

例（修改後）

顧客傳來訊息說「好像換了個人似的」，這是今天第一次光臨的二十多歲女性的留言。她希望把出社會後一直留的長髮剪短，改變形象，所以進了一家沒去過的美容院。我大膽地建議她剪個鮑伯頭，把下顎的線條露出來。她一開始表情有點猶豫，但後來就說「那就交給你了」。結果她離開店裡不到三十分鐘，就傳來訊息。一想到她特地傳訊息來，我就覺得內心很溫暖。最近我對自己的工作逐漸喪失自信，收到這個訊息讓我覺得自己還是可以的。

加入為何？什麼地方？何事？就變成這種描繪情境的文章。是不是變成一篇就算不是美容師，只要有工作的人都有共鳴空間的文章呢？

將自己化為內容的事例④

建立粉絲社群，成為再遠也想來參加的沙龍

經營治療沙龍的S在Instagram上發表自我照護的方法，追蹤人數超過一萬人。但他以前說只是因為興趣才用Instagram，不想把追蹤者導引到自己的沙龍。

因為他免費提供有用的資訊，而且家有小小孩，又可以照自己的步調工作，許多人因為嚮往S的工作方式而追蹤他，於是他決定舉辦月費制線上沙龍。每個月只要繳交一千日圓，就可以看影片學習自我照護的方法，可以在群組內直接提問，還可以即時學到S工作的方法和集客方法，所以大獲好評。

一開始S認為自己拍些有氛圍的照片，在Instagram和Facebook直播的行為，不過是「很稀鬆平常的事」、「大家都會的事」、「沒有什麼獨特的技巧，不能收費」，但就算自己覺得很普通沒什麼，對於不會的人來說，那就是花錢也想取得的

資訊。而且不只可以學習做法，還可以跟實際持續挑戰中的人學習如何做，這也是線上沙龍的魅力所在。

等到很厲害後再跟別人說吧，等到有實力教人時再來教吧，很多人有這種迷思。可是錢要怎麼花，其實取決於花錢的人是否能從中感受到價值。就像自認為完美的商品，卻沒人覺得它有價值一樣，自己覺得還不行的商品，也有人覺得「願意花錢，現在就想要」。

不只是Instagram，S還在Mercari上出售小孩子已經用不到的東西，或銷售自己拍的照片等。S很自然地親身嘗試「賺小錢」的方法，他把這些方法全化為內容，透過影片教材和線上沙龍獲得收益。然後成為忠誠粉絲的人，因為憧憬S的工作方法，要求他「多教一些這方面的事」。S就據此再銷售新的內容，形成一個循環。

因為和粉絲之間建立起深厚的信賴關係，就算他不勉強集客，從各種切入點知道S的人，因為受到他的人格吸引，再遠也要來參加他的沙龍。

結語

我想出人頭地，我一直有這種想法。

小時候我跟在姊姊身旁，看到她有很多朋友，又很受男孩子歡迎，不禁萌生「我必須走出不同於姊姊的路」的想法。等到我進社會，從事自己一直想做的文案作家工作，也曾為無法發光發熱的自己感到焦慮，「我想出人頭地」、「我想以自己的姓名為招牌工作」的想法越來越強烈。

進入每個人都擁有自媒體，可以發表意見的時代，越來越多人「想出人頭地」，也感受到「不出人頭地不行」的時代壓力。

然而我自己透過社群網路和部落格傳達訊息，一路從零開始建立自己的事業，我深深覺得「想出人頭地」的「過程」本身，已經很有故事了。不用等到成功後再發表成功物語，而是把「現在的自己」展露在眾人面前，讓大家看到現在進行式的故事。我覺得這應該就是「出人頭地」的捷徑吧。

話是這樣說，但要展現自己還是讓人感到害怕。寫些表面的、冠冕堂皇的話，既輕鬆又簡單。但是如果真要直接寫出自己的想法、展現自己的過去，還是讓人覺得很可怕。不過只要抱著這種「害怕」的感覺，用自己的話寫出真正想傳達的部分，即使辭藻不夠優美、無法整理成簡單明瞭的一句話，這種文章也一定能打動你最想傳達的對象的心。

我深信那就是「成為長銷人士的文章」。

「寫這種事可以嗎？」

「寫這個，別人會怎麼看我啊？」

會這麼想並不是壞事，沒有這種心情的人反而才可怕。

對「展現自己」感到恐懼，但只要你依然想改變、希望更為突顯自己，你就可以改變。

不要給自己的可能性設限，那樣很可惜。

傳達訊息對你自己、對看到訊息的某人來說，都是有力的羽翼。

世面上充斥著「這樣寫就會大賣」、「這麼做就會成功」的技巧。然而自己不想做的事，不做也無妨，更不用勉強自己去寫些讓你內心不安焦躁的事。

我用自己的話，把心中的想法寫下來。

我相信一定有人在等待我的話。

所以請你也用你自己的話，寫出只有你能寫出來的事。

希望這本書能成為你的助力。

請大家務必把本書的讀後感，或讀完本書後所寫的標語或部落格等文章，加上「#網路文章講座」，上傳到Twitter、Facebook、Instagram等社群網路上。我期待能看到大家的「自己的話」。

湛寬子

國家圖書館出版品預行編目(CIP)資料

文案寫出差異化，讓商品被看見/椹寛子著；李貞慧譯. -- 初版. -- 臺北市：商周出版：英屬蓋曼群島商家庭傳媒股份有限公司城邦分公司發行, 民111.07
224面；14.8×21公分. -- (ideaman；144)
譯自：自分らしさを言葉にのせる売れ続けるネット文章講座
ISBN 978-626-318-306-3(平裝)
1.CST: 廣告文案 2.CST: 廣告寫作
497.5　　111007281

ideaman 144

文案寫出差異化，讓商品被看見

只要是你賣的他都想買！網路暢銷文案全攻略

原著書名／自分らしさを言葉にのせる売れ続けるネット文章講座
原出版社／株式会社ぱる出版
作　　者／椹寛子
譯　　者／李貞慧
企劃選書／劉枚瑛
責任編輯／劉枚瑛

版權部／吳亭儀、江欣瑜、林易萱
行銷業務／黃崇華、賴正祐、周佑潔、張媖茜
總編輯／何宜珍
總經理／彭之琬
事業群總經理／黃淑貞
發行人／何飛鵬
法律顧問／元禾法律事務所　王子文律師
出版／商周出版
台北市104中山區民生東路二段141號9樓
電話：(02) 2500-7008　傳真：(02) 2500-7759
E-mail：bwp.service@cite.com.tw
Blog：http://bwp25007008.pixnet.net./blog
發行／英屬蓋曼群島商家庭傳媒股份有限公司城邦分公司
台北市104中山區民生東路二段141號2樓
書虫客服專線：(02)2500-7718、(02) 2500-7719
服務時間：週一至週五上午09:30-12:00；下午13:30-17:00
24小時傳真專線：(02) 2500-1990；(02) 2500-1991
劃撥帳號：19863813　戶名：書虫股份有限公司
讀者服務信箱：service@readingclub.com.tw
城邦讀書花園：www.cite.com.tw
香港發行所／城邦(香港)出版群組有限公司
香港灣仔駱克道193號超商業中心1樓
電話：(852) 25086231傳真：(852) 25789337
E-mailL：hkcite@biznetvigator.com
馬新發行所／城邦(馬新)出版群組【Cité (M) Sdn. Bhd】
41, Jalan Radin Anum, Bandar Baru Sri Petaling,
57000 Kuala Lumpur, Malaysia.
電話：(603)90578822　傳真：(603)90576622
E-mail：cite@cite.com.my

封面設計／COPY
內頁編排／簡至成
印刷／卡樂彩色製版印刷有限公司
經銷商／聯合發行股份有限公司
電話：(02)2917-8022　傳真：(02)2911-0053

■2022年（民111）7月5日初版
定價／360元
Printed in Taiwan

城邦讀書花園
www.cite.com.tw

著作權所有，翻印必究
ISBN 978-626-318-306-3　ISBN 978-626-318-337-7（EPUB）

JIBUN RASHISAWO KOTOBANI NOSERU URETSUZUKERU NET BUNSHOKOZA
by Hiroko Sawaragi
Copyright © Hiroko Sawaragi, 2020
All rights reserved.
Original Japanese edition published by Pal Publishing
Traditional Chinese translation copyright © 2022 by BUSINESS WEEKLY PUBLICATIONS, a division of Cite Publishing Ltd.
This Traditional Chinese edition published by arrangement with Pal Publishing, Tokyo, through HonnoKizuna, Inc., Tokyo, and Bardon Chinese Media Agency

商周出版

廣	告	回	函
北區郵政管理登記證			
台北廣字第 000791 號			
郵資已付，免貼郵票			

104 台北市民生東路二段 141 號 B1
英屬蓋曼群島商家庭傳媒股份有限公司
城邦分公司

請沿虛線對摺，謝謝！

商周出版

書號：BI7144　書名：文案寫出差異化，讓商品被看見　編碼：

請於此處用膠水黏貼

商周出版

讀者回函卡

線上版讀者回函卡

感謝您購買我們出版的書籍！請費心填寫此回函卡，我們將不定期寄上城邦集團最新的出版訊息。

姓名：＿＿＿＿＿＿＿＿＿＿＿＿＿＿ 性別：☐男 ☐女

生日：西元＿＿＿＿年＿＿＿＿月＿＿＿＿日

地址：＿＿＿＿＿＿＿＿＿＿＿＿＿＿

聯絡電話：＿＿＿＿＿＿＿＿ 傳真：＿＿＿＿＿＿＿＿

E-mail ：

學歷：☐ 1. 小學 ☐ 2. 國中 ☐ 3. 高中 ☐ 4. 大學 ☐ 5. 研究所以上

職業：☐ 1. 學生 ☐ 2. 軍公教 ☐ 3. 服務 ☐ 4. 金融 ☐ 5. 製造 ☐ 6. 資訊
☐ 7. 傳播 ☐ 8. 自由業 ☐ 9. 農漁牧 ☐ 10. 家管 ☐ 11. 退休
☐ 12. 其他＿＿＿＿＿＿＿＿

您從何種方式得知本書消息？

☐ 1. 書店 ☐ 2. 網路 ☐ 3. 報紙 ☐ 4. 雜誌 ☐ 5. 廣播 ☐ 6. 電視
☐ 7. 親友推薦 ☐ 8. 其他＿＿＿＿＿＿＿＿

您通常以何種方式購書？

☐ 1. 書店 ☐ 2. 網路 ☐ 3. 傳真訂購 ☐ 4. 郵局劃撥 ☐ 5. 其他＿＿＿

您喜歡閱讀那些類別的書籍？

☐ 1. 財經商業 ☐ 2. 自然科學 ☐ 3. 歷史 ☐ 4. 法律 ☐ 5. 文學
☐ 6. 休閒旅遊 ☐ 7. 小說 ☐ 8. 人物傳記 ☐ 9. 生活、勵志 ☐ 10. 其他

對我們的建議：＿＿＿＿＿＿＿＿＿＿＿＿＿＿

【為提供訂購、行銷、客戶管理或其他合於營業登記項目或章程所定業務之目的，城邦出版人集團（即英屬蓋曼群島商家庭傳媒（股）公司城邦分公司、城邦文化事業（股）公司），於本集團之營運期間及地區內，將以電郵、傳真、電話、簡訊、郵寄或其他公告方式利用您提供之資料（資料類別：C001、C002、C003、C011 等）。利用對象除本集團外，亦可能包括相關服務的協力機構。如您有依個資法第三條或其他需服務之處，得致電本公司客服中心電話 02-25007718 請求協助。相關資料如為非必要項目，不提供亦不影響您的權益。】

1.C001 辨識個人者：如消費者之姓名、地址、電話、電子郵件等資訊。
2.C002 辨識財務者：如信用卡或轉帳帳戶資訊。
3.C003 政府資料中之辨識者：如身分證字號或護照號碼（外國人）。
4.C011 個人描述：如性別、國籍、出生年月日。

請於此處用膠水黏貼

Idea man

Idea man

Idea man

Idea man